智能图像处理技术及应用研究

杨　佩　著

东北林业大学出版社
Northeast Forestry University Press
·哈尔滨·

图书在版编目（CIP）数据

智能图像处理技术及应用研究 / 杨佩著. — 哈尔滨：
东北林业大学出版社，2023.10

ISBN 978-7-5674-3339-7

Ⅰ. ①智… Ⅱ. ①杨… Ⅲ. ①人工智能－应用－图像
处理－研究 Ⅳ. ①TP391.413

中国国家版本馆 CIP 数据核字（2023）第 200810 号

责任编辑：赵晓丹

封面设计：文　亮

出版发行：东北林业大学出版社

　　　　　（哈尔滨市香坊区哈平六道街 6 号　邮编：150040）

印　　装：河北创联印刷有限公司

开　　本：710 mm×1000 mm　　　1/16

印　　张：17.5

字　　数：225 千字

版　　次：2023 年 10 月第 1 版

印　　次：2023 年 10 月第 1 次印刷

书　　号：ISBN 978-7-5674-3339-7

定　　价：65.00 元

如发现印装质量问题，请与出版社联系调换。（电话：0451-82113296　82191620）

前　　言

随着科技的快速发展，人工智能中的图像处理技术在人们的生活中得到了广泛的应用，其作为信息科技发展的标志，在信息发展中占据了重要的地位。在我国科技时代高速发展的同时，我们也应该关注人工智能中的图像处理技术的技术原理和图像处理技术在生活中的应用。相关研究人员更应该关注图像处理技术的过程研究、未来发展方向以及该技术在应用中出现的问题，努力把图像处理技术做到更完美，在满足人们需求的同时也使图像处理技术的发展更进一步，同时把图像处理技术应用到更多的领域。

本书紧贴当前实际，将最新的人工智能技术与图像处理相结合，系统地介绍了智能图像处理的基本概念、处理技术及其应用领域。全书以图像处理基本流程为主线，内容包括智能图像处理技术、图像分割、图像特征提取、目标检测、图像识别、图像跟踪、目标行为分析、图像融合、图像处理应用实例以及图像处理发展趋势。

本书将智能图像处理算法和大量的应用实例相结合进行阐述，内容涵盖生物医学、机器视觉、智能交通、智能安防、军事等领域，而且在各章都列举了有代表性的实例。这些实例具有较好的通用性和应用性，便于读者学习理解，使读者能很快将这些方法投入实际应用中。

作　者

2023 年 8 月

目　录

第一章　智能图像基础

第一节　图像信号的数字化

通常意义下的图像是光强度的分布，是空间坐标 x、y、z 的函数，如 $f(x,y,z)$。如果是一幅彩色图像，各点值还应反映出色彩变化，即用 $f(x,y,z,\lambda)$ 表示，其中 λ 为波长。假如是活动彩色图像，还应是时间 t 的函数，可表示为 $f(x,y,z,\lambda,t)$。人眼所感知的景物一般是连续的，称之为模拟图像。对模拟图像来说，$f(\bullet)$ 是一个非负的连续的有限函数，也就是 $0 \leqslant f(x,y,z,\lambda,t) < \infty$。

模拟图像的连续性包含了两方面的含义：空间位置延续的连续性和每一个位置上光强度变化的连续性。连续的模拟图像无法用计算机进行，也无法在各种数字系统中传输或存储，所以必须将代表图像的连续（模拟）信号转变为离散（数字）信号，这样的变换过程称其为图像信号的数字化。

图像信号的数字化的过程一般包含三个方面：采样、量化和编码。

（1）采样。

图像在空间上的离散化过程称为采样（Sampling），也叫作取样或抽样。被选取的点称为采样点、抽样点或样点，这些采样点也称为像素（Pixel）。在采样点上的函数值称为采样值、抽样值或样值。采样就是在空间上用有限的采样点来代替连续无限的坐标值。一幅图像应取多少样点才能够完全由这些样点来重建原图像呢？样点取得过多，就增加了用于表示这些样点的信息量；样点取得过少，则有可能会丢失原图像所包含的信息。所以，最少的样点数应该满足一定的约束条件，由这些样点采用某种方法能够完全重建原图像。实际上，这就是二维采样定理的内容。

（2）量化。

对每个采样点灰度值的离散化过程称为量化，即用有限个数值来代替连续无限多的灰度值。常见的量化可分为两类，一类是将每个样值独立进行量化的标量量化方法；另一类是将若干样值联合起来作为一个矢量来量化的矢量量化方法。在标量量化中，按照量化等级的划分方法不同又分为两种，一种是将样点灰度值等间隔分档，称为均匀量化；另一种是不等间隔分档，称为非均匀量化。

（3）编码。

经过采样，连续图像实现了空间的离散化；经过量化，样点的连续灰度值实现了量值的离散化。对于这样的离散以后有限的灰度量，就可以用二进制或多进制的数字来表示了，这种表示就是"编码"，即用特定的符号来表示离散的量值。最常见的编码方法就是自然二进制编码，如十进制的 0、1、2、3、……编码成二进制的 000、001、010、011……

需要注意的是，量化本来是指对连续样值进行的一种离散化的处理过程，无论是标量量化还是矢量量化，其对象都是连续值。但在实际的量化实现时，往往是首先将连续量采用足够精度的均匀量化的方法形成数字量，也就是通常所说的 PCM（Pulse Code Modulation）编码（几乎所有的 A/D 变换器都是如此），然后根据需要，在 PCM 数字量的基础上实现均匀、非均匀或矢量量化。

一、图像信号的频谱

在讨论二维图像信号的数字化之前，首先简要介绍一维信号的傅里叶变换。对于一维有界信号 $f(x)$，其傅里叶变换 $f(u)$ 和逆变换分别定义为

$$F(x) = \int_{-\infty}^{\infty} f(x) e^{-j2\pi ux} dx \qquad (1\text{-}1)$$

$$f(x) = \int_{-\infty}^{\infty} F(u) e^{j2\pi ux} du \qquad (1\text{-}2)$$

其中，$f(u)$ 被称作 $f(x)$ 的频谱，其物理意义是 $f(x)$ 可由空域上的各谐波分量叠加得到。

在二维情况下，类似地定义 $f(x,y)$ 的傅里叶变换 $f(u,v)$ 和逆变换分别为

$$F(u,v) = \int_{-\infty}^{\infty} \int_{-\infty}^{\infty} f(x,y) e^{-j2\pi(ux+vy)} dx dy \qquad (1\text{-}3)$$

$$f(x,y) = \int_{-\infty}^{\infty} \int_{-\infty}^{\infty} F(u,v) e^{j2\pi(ux+vy)} du dv \qquad (1\text{-}4)$$

其中，$f(u,v)$ 也称作 $f(x,y)$ 的频谱，同样，它表明了空间频率成分与二维图像信号之间的相互关系。

在二维情况下，傅里叶变换也存在着与一维变换类似的性质，如对称性、位移、比例等，这里不一一列出，读者可根据一维变换的性质自行推导得出。

尽管从理论的角度看，时域或空域有限信号的频谱宽度是无限的，但是对于要处理的实际二维图像，其傅里叶变换一般是在频率域上有界的，即信号频谱的有效成分总是落在一定的频率域范围之内。

上述频率域性质的依据在于：图像中景物的复杂性具有一定的限度，其中大部分内容是变化不大的区域，完全像"雪花"点似的图像没有任何实际意义。另外，人眼对空间细节的分辨能力以及显示器的分辨能力都有一定的限度。因而在频率域上观察，通常图像的频谱大多局限在一定的范围内，过高的频率分量没有多大的实际意义。

二、二维采样定理

图像采样要解决的问题是找出能从采样图像精确地恢复原图像所需要的最小 M 和 N（M、N 分别为水平和垂直方向采样点的个数），即各采样点在水平和垂直方向的最大间隔，这一问题由二维采样定理解决，它可看作一维奈奎斯特（Nyquist）采样定理的推广。

（一）二维采样定理概述

图 1-1（a）为原始的模拟图像 $f_i(x,y)$，其傅里叶频谱 $F_i(u,v)$ 如图 1-1（b）所示，它在水平方向的截止频率为 u_m，在垂直方向的截止频率为 v_m，则只要水平方向的空间采样频率 $u_0 \geqslant 2u_m$，垂直方向的空间采样频率 $v_0 \geqslant 2v_m$，即采样点的水平间隔 $\Delta x \leqslant 1/(2u_m)$，垂直间隔 $\Delta x \leqslant 1/(2v_m)$，图像就可被精确地恢复。这就是二维采样定理，下面予以简要说明。

对理想采样而言，在一维空间是用冲激函数序列作为采样函数的。与此类似，在二维空间则用冲激函数阵列作为采样函数，这些冲激水平方向之间的距离为 Δx，垂直方向之间的距离为 Δy，因此该冲激阵列 $s(x,y)$ 可定义为

$$s(x,y) = \sum_{i=-\infty}^{\infty} \sum_{j=-\infty}^{\infty} \delta(x-i\Delta x, y-j\Delta y) \tag{1-5}$$

其中，二维离散冲激函数定义为

$$\delta(x,y) = \begin{cases} 1, & x = y = 0 \\ 0, & \text{其他} \end{cases}$$

令 $f_i(x,y)$ 为一连续函数，频域上占有限带宽，空间上无限大。用理想空间采样函数对连续图像进行采样后的图像为

$$f_p(x,y) = f_i(x,y) \cdot s(x,y) = f_i(x,y) \sum_{i=-\infty}^{\infty} \sum_{i=-\infty}^{\infty} \delta(x - i\Delta x, y - j\Delta y)$$

$$= \sum_{i=-\infty}^{\infty} \sum_{i=-\infty}^{\infty} f_i(i\Delta x, j\Delta y) \cdot \delta(x - i\Delta x, y - j\Delta y)$$

（1-6）

在频域中，它的频谱为

$$\mathcal{F}\{f_p(x,y)\} = \mathcal{F}\{f_i(x,y)\} * \mathcal{F}\{s(x,y)\}$$

（1-7）

其中，"*"表示卷积，"$\mathcal{F}\{\ \}$"表示傅里叶变换。

空间域上 δ 函数无穷阵列的傅里叶变换是频域中 δ 函数的无穷阵列，即

$$\mathcal{F}\{s(x,y)\} = \frac{1}{\Delta x \Delta y} \sum_{i=-\infty}^{\infty} \sum_{j=-\infty}^{\infty} \delta\left(u - \frac{i}{\Delta x}, v - \frac{j}{\Delta y}\right)$$

（1-8）

因此

$$\mathcal{F}\{f_p(x,y)\} = F_i(u,v) * \frac{1}{\Delta x \Delta y} \sum_{i=-\infty}^{\infty} \sum_{j=-\infty}^{\infty} \delta\left(u - \frac{i}{\Delta x}, v - \frac{j}{\Delta y}\right)$$

$$= \frac{1}{\Delta x \Delta y_i} \sum_{j=-\infty}^{\infty} \sum_{j=-\infty}^{\infty} F_i(u - i\Delta u, v - j\Delta v)$$

（1-9）

用 $f_p(x,y)$ 表示采样后的频谱，则

$$F_p(u,v) = \frac{1}{\Delta x \Delta y} \sum_{i=-\infty}^{\infty} \sum_{j=-\infty}^{\infty} F_i(u - i\Delta u, v - j\Delta v)$$

（1-10）

由此可见，采样后的频谱是原频谱 $F_i(u,v)$ 在 u、v 平面内按 $\Delta u = 1/\Delta x$、$\Delta v = 1/\Delta y$ 周期无限重复，如图 1-1（c）所示。

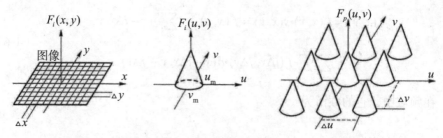

（a）模拟图像及采样网格　（b）模拟图像的频谱　（c）采样图像的频谱

图1-1　采样图像的频谱

因此，若原图像频谱是限带的，而 Δx、Δy 取得足够小，使 $\Delta u \geqslant 2u_m$、$\Delta v \geqslant 2v_m$（u_m、v_m 为频谱受限的最高频率），则采样后频谱将不会重叠，我们可以通过低通滤波的方法完全恢复原图像。也就是说，图像信号只有在满足二维奈奎斯特采样准则的情况下，才可以从采样图像信号来精确重建原图像。

（二）从采样图像恢复原图像

如图1-1中（c）所示，在满足采样定理条件下，各周期延拓的频谱区域互不交叠，为了从二维采样恢复原图像，只要用一个中心位于原点的理想二维方形滤波器就可以完整地将频谱中的各个高次谐波滤除，从剩下的基波分量就可以恢复原始图像。理想的低通滤波器的特性为

$$H(u,v)=\begin{cases}1, & |u|\leqslant u_m, |v|\leqslant v_m \\ 0, & \text{其他}\end{cases} \tag{1-11}$$

显然，恢复图像的频谱 $F_r(u,v)$ 应该等于采样图像的频谱和低通滤波器 $F_p(u,v)$ 的乘积，即

$$F_r(u,v)=F_p(u,v)H(u,v) \tag{1-12}$$

根据 $H(u,v)$ 和 $F_p(u,v)$ 的定义，可知 $F_r(u,v) = F_i(u,v)$，即可完全恢复原图像，这样，我们就从频域的角度证明了二维采样定理。

我们还可以从空域的角度来描述二维采样定理，以加深对此定理的空域和频

域之间的内在关系理解。用以恢复图像的理想低通滤波器的冲击响应是 $H(u,v)$ 的傅里叶逆变换，即

$$
\begin{aligned}
h(x,y) &= \int_{-\infty}^{\infty} \int_{-\infty}^{\infty} H(u,v) e^{j2\pi(ux+vy)} \mathrm{d}u \mathrm{d}v \\
&= \Delta x \cdot \Delta y \int_{-\frac{1}{2\Delta x}}^{\frac{1}{2\Delta x}} e^{j2\pi ux} \mathrm{d}u \cdot \int_{-\frac{1}{2\Delta y}}^{\frac{1}{2\Delta y}} e^{j2\pi vy} \mathrm{d}v \\
&= \mathrm{Sa}\left(\frac{\pi x}{\Delta x}\right) \cdot \mathrm{Sa}\left(\frac{\pi y}{\Delta y}\right)
\end{aligned}
\tag{1-13}
$$

其中，函数 $\mathrm{Sa}(x) = \dfrac{\sin x}{x}$。于是，在空域恢复图像可以通过采样信号和低通滤波器的冲击响应的卷积求得：

$$
\begin{aligned}
f_{\mathrm{r}}(x,y) &= f_{\mathrm{p}}(x,y) * h(x,y) \\
&= \left[\sum_{i=-\infty}^{\infty} \sum_{j=-\infty}^{\infty} f_i(i\Delta x, j\Delta y) \cdot \delta(x - i\Delta x, y - j\Delta y) \right] * h(x,y) \\
&= \sum_{i=-\infty}^{\infty} \sum_{j=-\infty}^{\infty} f_i(i\Delta x, j\Delta y) \cdot \mathrm{Sa}\left[\frac{\pi}{\Delta x}(x - i\Delta x)\right] \cdot \mathrm{Sa}\left[\frac{\pi}{\Delta y}(y - j\Delta y)\right]
\end{aligned}
\tag{1-14}
$$

由于式（1-14）中的重建 $f_{\mathrm{r}}(x,y)$ 图像就是原始图像 $f_i(x,y)$，因此原来连续图像信号可通过以其采样值为权值的二维 Sa 函数的线性组合而得以恢复。

（三）亚采样和混叠效应

由上面分析可知，表示同一幅数字化以后的图像的数据量直接和采样频率成正比。降低采样频率是减少图像数据量最直接且简单易行的手段之一，因此在实际中常采用这种方法来降低数据量。但是采样频率的高低是受到采样定理约束的，满足采样定理下限条件（采样定理中的不等式取等号时）的采样频率称为奈奎斯特采样频率，这一频率规定了从采样图像无失真地恢复原图像的最低频率。当采样定理的条件不满足时，也就是说，当采样频率小于奈奎斯特采样频率时，即常

说的亚采样（Sub-Sampling），采样图像频谱的高次谐波就会发生重叠，即所谓的频谱混叠（Aliasing）。对于已发生混叠的频谱，无论用什么滤波器也不可能将原图像的频谱分量滤取出来，由此在图像的恢复中将会引入一定的失真，通常称之为混叠失真。因此，在采用亚采样进行图像数字化时的一个重要问题就是尽量减少频谱混叠所引起的失真。

（四）实际采样脉冲效应

在图像实际的采样过程中，采样脉冲不是理想的 δ 函数，采样点阵列也不是无限的。因此在图像重建时就会产生边界误差和模糊现象，从而影响重建图像的质量。

为了分析简单，假定实际采样脉冲阵列 $c(x,y)$ 是由截短 δ 函数阵列 $d(x,y)$ 通过冲激响应为 $p(x,y)$ 的线性滤波器产生的，可表示为

$$c(x,y) = d(x,y) * p(x,y) = \sum_{i=-I}^{I} \sum_{j=-J}^{J} p(x-i\Delta x, y-j\Delta y) \qquad (1-15)$$

其中，$(2I+1) \times (2J+1)$ 的有限截短 δ 函数阵列为

$$d(x,y) = \sum_{i=-I}^{I} \sum_{j=-J}^{J} \delta(x-i\Delta x, y-j\Delta y) \qquad (1-16)$$

由 $c(x,y)$ 阵列采样的图像 $f_p(x,y)$ 可以表示为

$$f_p(x,y) = f_i(x,y) \cdot c(x,y) = \sum_{i=-I}^{I} \sum_{j=-J}^{J} f_i(x,y) p(x-i\Delta x, y-j\Delta y) \qquad (1-17)$$

根据卷积定理可得采样图像的频谱：

$$F_p(u,v) = F_i(u,v) * [D(u,v) \cdot P(u,v)] \qquad (1-18)$$

其中，$P(u,v)$ 是 $p(x,y)$ 的傅里叶变换，$D(u,v)$ 是截短采样阵列 $d(u,v)$ 的傅里叶变换。

三、量化和编码

（一）量化

经过采样的图像，只是在空间上被离散成为像素（样本）的阵列。而每个样本灰度值还是一个有多个取值的连续变化量，必须将其转化为有限个离散值、赋予不同码字才能真正成为数字图像，交由计算机或其他数字设备进行处理，这种转化被称为量化（Quantization）。如果对每个样值进行独立处理，称之为标量（Scalable）量化。标量量化有两种方式：一种是将样本的连续灰度值空间进行等间隔分层的均匀量化；另一种是不等间隔分层的非均匀量化。在两个量化级（称为两个判决电平）之间的所有灰度值用一个量化值（称为量化器输出的量化电平）来表示。量化既然是以有限个离散值来表示近似无限多个连续量，就一定会产生误差，这就是所谓的量化误差，由此产生的失真即为量化失真或量化噪声。

当量化层次少到一定程度时，量化值与模拟量值之间的差值量化误差会变得很显著，引起严重的图像失真，尤其会在原先亮度值缓慢变化的区域引起生硬的所谓"伪轮廓"失真。这样量化的层数越多，由量化引起的失真就越小，但量化层数的增加就意味着表示图像信息的数据量的增加。因此，量化的层数最终是一种折中的选择，图像量化的基本要求就是在量化噪声对图像质量的影响可忽略的前提下用最少的量化层进行量化。

通常对采样值进行等间隔的均匀量化，量化层数 K 取为 2 的 n 次幂，即 $K=2^n$。这样，每个量化区间的量化电平可采用 n 位（比特）自然二进制码来表示，形成最通用的 PCM 编码。对于均匀量化，由于是等间隔分层，量化分层越多，量化误差越小，但是编码时占用比特数就越多。例如，采用 8 bit 量化，那么图像灰度等级分为 $2^8=256$ 层。又如，输入某一图像样本幅度为 127.2，则量化为 127，可用二进制码 01111111 来表示。

（二）均匀量化信噪比

在对采样值进行 n 比特的线性 PCM 编码时，每个量化分层的间隔（量化步长）的相对值为 $1/2^n$，假定采样值在它的动态范围内的概率分布是均匀分布，则可以说明，量化误差的均方值 N_q（相当于功率）为

$$N_q = \left(\frac{1}{12}\right)\left(\frac{1}{2^n}\right)^2 = \left(12 \cdot 2^n\right)^{-2} \tag{1-19}$$

于是，参照信噪比的定义，将峰值信号功率 Spp（其相对值为 1）与量化均方噪声之比的对数定义为量化峰值信噪比，单位为 dB，其表达式为

$$PSNR_q = 10\lg\frac{S_{pp}}{N_q} = 10\lg\left(12 \cdot 2^n\right)^2 \approx 10.8 + 6n \tag{1-20}$$

式（1-20）为表征线性 PCM 性能的基本公式，通常将其简称为量化信噪比，并用 $(S/N)_q$ 表示。

由式（1-20）可见，每采样的编码比特数 n 直接关系到数字化的图像质量，每增减 1 bit，就使量化信噪比增减约 6 dB。选择 n 可以用主观评价方法，比较原图像与量化图像的差别，当量化引起的差别已觉察不出或可以忽略时，所对应的最小量化层比特数即可以作为我们所选择的 n，对于一般的应用，如电视广播、视频通信等，采用的是 8 bit 量化，已基本能满足要求。但对某些应用来说，如高质量的静止图像、遥感图像处理等，需要 10 bit 或更高精度的量化。

除了以上介绍的均匀量化外，还可以根据实际图像信号的概率分布进行非均匀量化，由此可获得更好的量化效果，这在后面有关章节的最佳量化部分予以介绍。

第二节　智能图像的表示

一、数字图像文件格式

数字化后的图像数据在计算机中或其他数字设备中一般有三种存储方式，分别为矢量图文件格式、位图文件格式和视频文件格式。

(一) 矢量图文件格式

矢量图文件格式不存储图像数据的每一点，而是用一组命令来描述，这些命令描述一幅画面中所包含对象的大小、形状、位置、颜色等属性。例如，一个圆形图案只要存储圆心的坐标位置和半径长度，以及圆形边线和内部的颜色。矢量图的缩放不会影响显示精度，图像不会失真，且图像的存储空间比位图方式要少得多。但是矢量图存储方式的缺点除了难以表示绝大部分的自然图像外，它在显示时还需要做复杂的分析计算工作，显示速度较慢。所以，矢量处理比较适合存储各种图表、图形、图案和动画类文件，而一般自然图像文件较少采用矢量处理方式。例如，WMF（Windows Metafile Format）格式就是一种矢量图形常用的文件格式，它适用于描述能够用数学方式表达出来的图形，微软公司在 Office 软件中所提供的剪切画就是矢量类型的 WMF 格式。

(二) 位图文件格式

位图（Bit-map）由许多点组成，这些点称为像素，图像的每一像素的数据可存放在以字节为单位的矩阵中。比如，一幅 640×480 的图像，表示这幅图像由 307 200 个点所组成，如果是单色图像，一字节（Byte）可存放一个像素的数据；如果是 RGB 真彩色图像，需要 3 个字节存放一个像素的数据。这种方式能够准确地描述各种不同颜色模式的图像画面，比较适合存储内容复杂的图像和真实的照片，但图像在放大和缩小的过程中会产生失真，占用存储空间也较大。下面列出常见的几种位图格式。

1.BMP 格式

BMP（Bit-map）格式是微软 Windows 应用程序所支持的，特别是图像处理软件，基本上都支持这种与设备无关的 BMP 格式。BMP 格式可简单分为黑白、16 色、256 色、真彩色几种格式，其中前三种采用索引彩色方式来节省磁盘空间。随着 Windows 操作系统的普及，BMP 格式的影响也越来越大，不过其图像文件的大小比 JPEG 等格式大得多。

2.TIFF 格式

TIFF（Tagged Image File Format）格式是由 Aldus 公司与微软公司共同开发设计的图像文件格式，常简称为 TIF 格式。它的最大特点就是与计算机的结构、操作系统以及图形硬件系统无关。它可以处理二值图像、灰度图像、调色板图像和真彩色图像，而且，一个 TIFF 文件可以存放多幅图像。在存储真彩色图像时和 BMP 格式一样，直接存储 RGB 三原色的数据而不使用彩色索引（调色板）。

3.GIF 格式

GIF（Graphics Interchange Format）格式是一种 LZW 压缩的 8 位图像文件，这种格式的文件多用于网络传输（如 HTML 网页文档中），速度要比传输其他图像文件格式快得多。它还可以指定透明的区域，使图像与背景很好地融为一体。并且图像会随着它下载的过程，由模糊到清晰逐渐演变显示在屏幕上。利用 GIF 动画程序，可把一系列不同的 GIF 图像集合在一个文件里，和普通的 GIF 文件一样插入网页，显示动画。不足之处是 GIF 只能处理 256 色，不能用于存储真彩色图像。

4.JPEG 格式

JPEG（Joint Photographic Experts Group）是 JPEG 标准的产物，该标准由国际标准化组织（ISO）制定，是面向连续色调静止图像的一种压缩标准。由于其具有很高的压缩效率和良好的标准化，目前已被广泛用于彩色传真、静止图像、视频会议、印刷及新闻图片的传送上。它采用的是一种有信息损失的压缩方式，无法重建原始图像。

5.PNG 格式

PNG（Portable Network Graphic Format）格式是一种无损位图文件存储格式，其特点是简便、压缩性能好。PNG 支持索引彩色、灰度和真彩色图像存储。用来存储灰度图像时，灰度的深度可多达 16 位；用来存储彩色图像时，彩色图像的深度可多达 48 位。

（三）视频文件格式

1.AVI 格式

AVI（Audio Video Interleaved），即音频视频交错格式，1992 年由微软公司推出。所谓"音频视频交错"，就是将视频和音频交织在一起进行同步播放。这种视频格式的优点是图像质量好，可以跨多个平台使用，其缺点是容量庞大。

2.DV-AVI 格式

DV-AVI（Digital Video AVI）是由索尼、松下、JVC 等多家厂商联合提出的一种家用数字视频格式。目前非常流行的数码摄像机就是使用这种格式来记录视频数据的，它可以通过 IEEE1394 端口将视频数据传输到电脑。

3.MOV 格式

MOV（Movie Digital Video Technology）是由苹果（Apple）公司推出的一种视频文件格式，以前只能在苹果公司的 Mac OS 操作系统中使用，现在已被包括微软 Windows 在内的所有主流电脑平台支持，可用 Quick Time 播放器播放。

4.RM 格式

RM（Real Media）是由 Real Networks 公司开发的一种流式视频文件格式，此格式文件尺寸小，适合网络发布，因此得到迅速推广，网上直播大多采用这种格式。此格式的文件可用 Real Player 等大多数播放器进行播放。

5.MPEG 格式

MPEG（Moving Picture Expert Group）格式是 ISO 制定的运动图像压缩国际标准，包括 MPEG-1、MPEG-2 和 MPEO-4，常见的 VCD、SVCD、DVD 就是这种格式。

6.DivX 格式

DivX 格式是 DivX 公司在微软 MPEG-4（v3）基础上衍生出的一种高效视频编码标准。使用 DivX 压缩技术对 DVD 盘片的视频图像进行高质量压缩，其画质直逼 DVD 并且容量只有 DVD 的三分之一。

7.ASF 格式

ASF（Advanced Streaming Format）是微软公司为了和 Real Player 竞争而推出的一种视频格式，用户可以直接使用 Windows 自带的 Media Player 对其进行播放。由于它使用了 MPEG-4 的压缩算法，所以压缩率和图像的质量都很不错。

8.WMV 格式

WMV（Windows Media Video）是微软推出的一种采用独立编码方式，并且可以直接在网上实时观看视频节目的文件压缩格式。

二、视频信号的数字化

和前面讨论的图像数字化过程一样，视频信号的数字化也包括位置的离散化（采样）、所得样值的离散化（量化）以及 PCM 编码这三个过程。

（一）视频信号的扫描和采样

不论是 PAL 制还是 NTSC 制视频信号，它们都是模拟信号，要想让数字设备能够处理它们，必须对其进行数字化，即 A/D 转换。而模拟视频信号体系的基本特点是用扫描方式把三维图像信号 $f(x,y,t)$ 转化为一维随时间变换的信号。扫描后的视频信号在时间维上把图像分为离散的一帧一帧的图像；在每一帧图像内又在垂直方向上（y 维）将图像离散为一条一条的水平扫描。把图像分成若干帧的过程，实际是在时间方向上进行了采样；把图像分成若干行的过程，实际是在垂直方向上进行了采样。在时间方向和垂直方向上的采样间距往往由模拟电视系统决定。因此，可供自由处置的只有水平方向（x 维），在水平方向上可以设置不同的采样间隔。

（二）视频信号的带宽

下面讨论在水平方向不同的采样间隔和图像频谱之间的关系。扫描输出的一维时间连续信号的最高时间频率与图像水平方向最高空间频率存在下述关系：

$$F_{\mathrm{m}} = \frac{a \cdot U_{\mathrm{m}}}{\tau} \tag{1-21}$$

其中，a 为画面宽度（不考虑回扫），τ 为一行扫描时间。

式（1-21）表明，在空间一行中最高频率分量波动的次数（aU_{m}）和在时间域最高时间频率波动的次数（τF_{m}）应该是一致的。根据二维采样定理，在空间域采样点的间隔 Δx 应满足

$$\frac{a}{\Delta x} \geqslant 2U_{\mathrm{m}} \tag{1-22}$$

其中，Δt 为扫描采样点间距离 Δx 所需的时间，扫描时间和扫描长度存在比例关系：

$$\frac{\Delta t}{\tau} = \frac{\Delta x}{a} \tag{1-23}$$

综合式（1-21~1-23）可得

$$\frac{1}{\Delta t} \geqslant 2F_{\mathrm{m}} \tag{1-24}$$

这个结论与一维采样定理相同，采样频率必须大于等于信号最高频率的2倍。因此，可以把二维图像扫描输出的信号直接作为一维信号来采样。

三、数字视频国际标准

模拟视频数字化的方法主要分为两类：一类是直接对包括彩色副载波在内的复合视频信号进行采样、量化和编码，简称复合方式；另一类是先将复合视频信号分解为一个亮度信号（Y）和两个色差信号（R-Y 和 B-Y），然后分别对这三个分量进行采样、量化和编码，简称分量方式。下面分别予以介绍。

（一）复合数字视频信号

在复合数字系统中，模拟 NTSC 或 PAL 制信号由模拟设备产生，再由 A/D 变换器对它进行变换，从而形成复合数字视频输出。由于彩色副载波在模拟视频信号中是一个载有重要信息的高能量的分量，它必须在幅度上和相位上被精确地再生，所以常常使用和彩色副载波相同步的采样频率。大多数的复合系统采用 3 倍或 4 倍的副载波频率进行同步采样，每样点精度为 8 bit，表 1-1 是复合数字系统的基本采样参数。有些复合系统在数字化后还采取一些措施，如消除消隐间隔等，以便更好地利用数字化的优点来减少数据量。这种数字化方式的一个不足之处就是数字化以后的视频仍然和模拟视频的不同制式密切相关，并且不利于国际互通。

表 1-1　复合数字系统的采样参数

标准	采样频率	采样精度 /bit	数据率 /（Mbit•s⁻¹）
NTSC	$3f_{sc}$	8	85.9
NTSC	$4f_{sc}$	8	114.5
PAL	$3f_{sc}$	8	106.3
PAL	$4f_{sc}$	8	141.8

（二）ITU-R BT.601 分量数字视频格式

1.BT.601 建议

由于世界上存在有 PAL、NTSC 等不同的模拟电视制式，这些制式之间的直接互通是不可能的。而且，如前所述，数字视频信号是在模拟视频信号的基础上经过采样、量化和编码形成的，必然会形成不同制式的数字视频信号，给国际的数字视频信号的互通带来巨大的不便，因此有必要在世界范围内建立统一的数字视频标准。1982 年 10 月，国际无线电咨询委员会（Consultative Committee for International Radio，CCIR）通过了第一个关于演播室彩色电视信号数字编码的建议，即 1993 年变更成国际电联无线电通信部门（International Telecommunication Union-Radio Communication Sector，Itu-R）的 BT.601 分量数字视频系统建议。该建议考虑到现行的多种彩色电视制式，提出了一种世界范围内兼容的数字编码方式。

BT.601 建议采用对亮度信号和两个色差信号分别编码的分量编码方式，对不同制式的信号采用单一的采样频率，而且和任何模拟系统的彩色副载波频率无关，因为在分量系统中不再包含任何彩色副载波。这个频率就是 13.5 MHz，也是对亮度信号 Y 的采样频率。由于色差信号的带宽远比亮度信号的带宽窄，因而对色差信号 R-Y（或 V）和 B-Y（或 U）的采样频率较 Y 减半，为 6.75 MHz。

每个数字有效行分别有 720 个亮度采样点和 360×2 个色差信号采样点。对每个分量的采样点都是均匀量化（8 bit 或 10 bit 精度）、PCM 编码。这几个参数对 525 行、60 场 / 秒和 625 行、50 场 / 秒的制式都是相同的。所谓的有效采样点是指在数字化模拟视频时，只在有图像信号出现时刻（扫描正程）的样点是有效的，其余时刻的样点则不在 PCM 编码的范围内。这是因为在数字化的视频信号中，不再需要如实地表示行、场同步信号和消隐信号，只要一个简单的脉冲表示行、场（帧）的起始位置即可。例如，对于 PAL 制视频，完整地传输所有的样点数据，大约需要 200 Mbit/s 的传输速率。但如果仅输送有效样点，只需要 160 Mbit/s 左右的传输速率。

2. 采样点的分布格式

色度信号的采样率要比亮度信号的采样率低一半，这样做的原因是考虑到人的眼睛对色度信号的分辨率比亮度信号低。按照这种比例采样的数字视频格式常常又称作 4 ∶ 2 ∶ 2 格式，可以简单理解为每一行里的 Y、U、V 的样点数之比为 4 ∶ 2 ∶ 2。

需要说明的是，4 ∶ 2 ∶ 0 格式虽然不在 ITU-R BT.601 标准中，但这种格式在实际应用中还是相当广泛的，为了和其他格式做对比，因此也将 4 ∶ 2 ∶ 0 格式放在这里。4 ∶ 2 ∶ 0 格式对每行扫描线来说，只有一种色度分量以 2 ∶ 1 采样，相邻的扫描行存储不同的色度分量。

（三）LTU-R BT.656 格式数字视频接口

BT.601 给出了分量视频信号数字化的采样标准，而 BT.656 则是针对 525 行和 625 行的视频系统，按照 BT.601 标准定义的 YUV4 ∶ 2 ∶ 2 格式来规范的具体信号接口标准，也就是视频数据（码流）格式。它对 525 行和 625 行视频都适用，并提供了 8/10 位并行接口（Bit-parallel Interface）参数和 8/10 位串行接口

（Bit-serial Interface）参数。按照 Bt.656 所形成的数据流包括数字视频信号、定时参考信号和辅助信号。Bt.656 码流中高 8 位为全 0 或全 1，保存作为数据标识，因此在 8 Bit 方式中，实际上表示信号值只有 254 种可能，类似在 10 Bit 方式中，表示信号值只有 1 016 种可能。

（四）ITU-T 的 CIF 格式视频

在一些互通要求比较高的场合，为了既可用 625 行的电视图像又可用 525 行的电视图像，ITU-T 规定了称为公共中间格式（Common Intermediate Format，CIF）的视频标准，以及相应的 1/4 公共中间分辨率格式（Quarter-CIF，QCIF）和准 QCIF（SQICF，Sub-QCIF）格式等。

CIF 格式视频具有如下特征：CIF 视频图像的空间分辨率为家用录像系统（Video Home System，VHS）的分辨率，即 352 × 288；CIF 格式使用简单的非隔行扫描（Non-interlaced Scan）方式；CIF 格式使用 NTSC 帧速率，图像的最大帧速率为 30 000/1 001≈29.97 帧 / 秒，使用 1/2 的 PAL 垂直分辨率，即 288 线 / 帧。

第三节 图像设备和器件

这一节主要介绍在实际的图像系统中所涉及的一些图像设备和器件，它们大多是数字化的，如数字摄像机、数字照相机、扫描仪、信号处理器等。它们可以直接输出数字化图像信号，甚至是经压缩的数字图像信号。这样一来，这些图像设备和其他数字设备的连接就更加方便了，既可缩小设备体积、降低设备成本，还可提高设备的可靠性。

一、图像信号的采集

（一）数码相机

数码照相机即数字照相机，是用光电转换的方法来进行照片拍摄的，其基本的工作原理类似于电荷耦合器件（Charge Coupled Device，CCD）摄像机。其中不同之处在于，摄像机拍摄的是连续图像，数码相机拍摄的是单幅照片，并且一般来说数码相片的清晰度要比摄像机画面的清晰度高。数码相机和传统相机的最大区别在于它用 CCD 或 CMOS 光电转换器件代替了感光胶片，因此，其 CCD 的分布密度在很大程度上决定了数码相机的分辨率。目前好的数码相机的分辨率已经超过普通的胶片相机，从 1 024×768、2 036×3 060，到 4 592×3 056 甚至更高，价格也从上万元降至千元以下。衡量数码相机分辨率的一个更为普及的参数就是每张照片的像素数，如每张照片 500 万像素，目前普及型的数码相机已经达到 2 000 万像素的水平。

为了节省数码照片的数据量，减少存储空间，数码相机内部都带有高速图像处理芯片，将拍摄的照片及时进行压缩存储，压缩的方法大多数采用 JPEG 静止图像压缩标准，压缩率在几倍到几十倍、上百倍之间，根据用户的要求进行设定。由于数码相机采用了图像处理芯片，除了对照片进行压缩处理以外，数码相机还可以承担一些其他的图像处理工作，如电子画面伸缩（Zoom）、防抖动处理、自动聚焦、彩色平衡处理、短时间摄像，甚至人脸识别等。

与传统相机一样，数码相机也是由镜头、快门和光圈组成的，只不过传统相机是将影像存放到感光胶片上，而数码相机则是将影像保存到其所带的内存或可以插拔的存储卡上（也可以转移到硬盘或光盘上）。普通的数码相机操作十分容易，一般均为傻瓜型的，不需要特别设定和调焦。当拍摄照片时，可以从数码相机附带的小型液晶显示器上观察效果，按下快门以后，拍摄的照片就和刚才在显示器上看到的一样，并存储在数码相机的存储器内。之后可以将数码相机接到电脑或电视上，应用相应的软件即可将这些照片存储起来或在显示器上观看。数码照片数据还可供打印、调用、传输等使用，也可和普通照片一样将它们"冲洗"出来获得硬拷贝。由于数码相机具有便携性的特点，其发展的速度非常快，在一般的摄影领域，它已经基本取代了普通的胶片相机。近年来，已经将数码相机作为一个功能部件集成到手机上，成为照相手机。品质较好的照相手机的分辨率已经达到 4 800 万到 5 000 万像素，使得人们利用照相手机就可以轻易获得较为满意的照片。

（二）彩色扫描仪

扫描仪的主要作用是将纸质、胶片等介质上的图像、图形或文字采集下来，进行数字化处理以后通过计算机的接口传送到计算机进行存储、显示或处理。因此，扫描仪是一种静止画面的采集设备，为计算机提供数字化的静止图像信号。大部分扫描仪本身还具有图像压缩功能，如输出经 JPEG 标准压缩后的图像数据，以减少图像输出的数据量。

扫描仪是集光、机、电于一体的产品，它的核心部件是 CCD，CCD 主要是完成光电转换。除 CCD 以外，它的组成部分还有光源、透镜、A/D 转换、信号处理电路及机械传动机构。扫描时，从光源发出的光照在图片上，光电转换器 CCD 接收从图片反射回来的光，并把它转换为模拟电信号，经过 A/D 转换，变成数字信号送给计算机。被扫描的图像不同，反射光的强弱和颜色就不同，因而就可得到不同颜色和灰度的图像。

常见的彩色扫描仪是利用一个白色光源和一个可旋转的红、绿、蓝三色滤色片，分别产生 3 色光源，经过 3 次扫描，每次分别得到待输入原稿中的红、绿、蓝色成分，再经过红、绿、蓝三基色套色合成为 RGB 彩色图像数据，每一次扫描过程都类似于灰度扫描仪。若每次扫描 CCD 能分辨 8 位 256 等级灰度，则在扫描过程中每个像素的 RGB 三基色数据合成后形成 24 位真彩色数据。

另一种彩色扫描仪利用 3 个独立的红、绿、蓝光源一次完成扫描，其基本原理与上述 3 次扫描的方法没有大的区别。所不同的是，在扫描过程中，独立的三色光源按红、绿、蓝依次闪烁，一次就可以捕获 RGB 三色数据。这种方法可避免 3 次扫描时每次扫描因机械传动的微小差别而造成的像素不准问题。但由于使用了三色光源，会造成三基色套色不准的问题。

衡量扫描仪好坏的一个主要指标是它的分辨率，分辨率表示扫描仪对图像细节的表现能力。通常用每英寸长度上扫描图像点数（Dot Per Inch，DPI）表示，分辨率越高，图像越清晰。目前多数扫描仪的分辨率一般都在 1 200 DPI 以上。

（三）模拟摄像机

获得模拟视频信号的方法有多种，除了视频摄像机外，还有录像机输出、激光视盘（LD）等，它们所输出的模拟信号的格式和摄像机是一致的，都是某种制式的模拟视频信号。早期的光导管摄像机已被淘汰，现在常用的是 CCD、CMOS 摄像机。

CCD 摄像机内的核心部件是一种固态半导体面阵集成电路，即 CCD 感光芯片，它由若干行、若干列的离散硅成像单元排列而成。CCD 阵列中各自独立的硅成像单元又叫感光基元（Photosite），它能产生与输入光强成正比的输出电压。通常，CCD 摄像机的感光阵列的大小为 1/2 英寸、3/4 英寸或 1 英寸（1 英寸 =0.025 m）等。摄像机所对准的场景的光线通过镜头聚焦投射到阵列上，每个感光基元由于光照的作用而产生出不同的输出电压。这些电压通过适当的逻辑电路，按照逐单元、逐行的顺序，在一帧的时间内将整个阵列的所有基元的电压送出，形成标准的视频信号。平面阵列中每一行的基元数的多少和行数的多少决定了所摄图像的清晰度的高低。常用的 CCD 摄像机的分辨率为 512×512，$1\,024 \times 1\,024$，$4\,096 \times 4\,096$ 等，每个像素的尺寸在 10 μm 左右。

（四）数字摄像机

数字视频信号有两种获得的途径，一种是直接方式，另一种是间接方式。所谓间接方式，是指将模拟视频信号数字化以后产生数字视频，以前这是获得数字视频的唯一方法。近年来随着电子领域数字化进程的推进，开始出现并愈来愈多地使用直接输出数字图像的装置和设备。例如，和计算机配合使用的彩色扫描仪输出的就是数字信号。再如，众多的数字摄像机输出的也是数字视频信号。这样的摄像机可以直接和数字图像设备相连接，而不需要经过 A/D 转换。随着半导体技术的发展，现在直接输出数字图像信号的设备已经成为数字视频信号源的主流，如今数字摄像、数字录像已经取代了模拟摄像和模拟录像。

数字摄像机的种类较多，常见的有三类：第一类数字摄像机输出的是 ITU-R BT.601 标准视频，这类摄像机输出的数字视频质量高，但它们的价格也较贵，一般用于电视演播室；第二类数字摄像机输出的是经压缩的数字视频，通常它们是摄录一体化的机型，即同时可以将摄取的内容记录在可读写光盘、磁卡上，它们的体积小、价格适中，因此这一类数字摄像机应用也最为广泛；第三类是一种简易型的数字摄像头，以 USB（通用串行总线）接口方式向计算机输出经压缩的数字视频，可以用于要求不高的办公室或家庭环境。

随着数字视频（Digital Video，DV）标准被国际上几十家大电子制造公司统一，数字视频已广泛进入各个视频应用领域，其中最典型的代表是 DV 标准的数字摄像机，它属于上述第二类摄像机。DV 摄像机对经过 CCD（或 CMOS）光电转换得到的视频信号进行数字化，获得的数字视频信号再经过数字信号处理、数据压缩，最终可输出已压缩的数字视频信号（如压缩比为 3 ∶ 1 ~ 5 ∶ 1）。这样的数字摄像输出的图像质量较高，水平清晰度可达 500 线，已接近广播级模拟摄像机指标的下限。

现在大多数数字摄像机都具备符合 IEEE1394 接口和 HDMI 接口规范的输出。1394 俗称"火线"（Fire Wire）接口，HDMI（High Definition Multimedia Interface）是高清多媒体接口，包括数字视频、音频数据。它们已普遍用于和 PC 或其他设备相连，高速传送视音频信号。当然，这类摄像通常还带有普通模拟复合视频输出及 S-Video 分量视频输出。

简易型的数字摄像头也是直接输出数字视频信号，并且具有 USB 接口，可以很方便地和电脑相连接，直接为计算机提供图像信号，省去一块视频采集卡。这样不仅节省了办公室图像设备的成本，而且也减少了采集卡兼容性有限给用户带来的麻烦，减少了出故障的次数，省去了打开计算机、插入采集卡的麻烦。

除了上述三类传统的摄像机外，还有更新的一类以"网络摄像机"为代表的数字摄像机，它把数字视频信号的采集、压缩编码、网络传输协议，甚至是无线收发信等部分也一并做在摄像机内部，直接输出给用户的就是经过压缩和封装的视频数据流，如符合 TCP/IP 协议的数据流，或者是已调制的无线发射信号。而且压缩的标准可以有多种选择和设置，如既可以是 H.26x，也可以是 MPEG-x。从本质上来说，这类摄像机本身就是一台图像通信设备，更方便用户获取图像信息。

这些输出数字视频的摄像机不仅能提供高质量的活动图像的信号源，而且非常适合计算机、通信网等要求输入数字视频的设备，在这些设备上可以免去视频信号数字化这一复杂而又易引起失真的过程。

（五）摄像机的选用

选用摄像机时首先要考虑和图像设备能否方便地衔接。例如，有些图像设备需要模拟视频信号接入，那么，采用 CCD 模拟彩色摄像机输入就比较合适。尽管现在数字摄像机已经普及，但它们的输出大部分是经过压缩的数字信号。因而在这些场合使用并不方便，还不能直接作为这些图像设备的数字视频输入。

其次要考虑摄像机输出视频的质量如何。摄像机的质量也有高低之分，大体上分为专业级、业务级（采访级）和家用级三等。例如，对于高档图像系统（如通信系统、广播系统、采集系统等）来说，可采用质量较好的专业级摄像机或业务级摄像机。要求摄像机的输出视频信号失真小，彩色逼真，同时信噪比要高，尤其是在光线暗的情况下更是如此。如果摄像机输出的噪声较大，由于噪声并不如图像信号那样具有相关性，不少图像处理（如压缩编码）算法对噪声来说是失效的，反而会无端地增加处理工作的负担。对摄像机还要求它具有较高的光灵敏度，一般要求最低的照明度小于 20 Lx，这样才能保证在较暗的光照下摄像机正常工作。这一点对于桌面式图像终端尤为重要，因为在这类办公室环境里一般都不配备附加光照。

价格因素也是摄像机选用必须考虑的问题之一。对于桌面型图像终端来说，价格低廉也很重要，一般选用家用级摄像机，如家用的摄录一体化的便携式摄像机，甚至选用置于计算机显示器顶上的袖珍摄像头，也包括嵌入笔记本电脑、智能手机中的迷你摄像单元。

此外，在摄像机选用时还需考虑某些特定的应用要求。例如，在有多个摄像机输入的场合下，因为图像通信终端往往在某一时刻只能传输一路图像，对来自多个摄像机的视频信号则要进行选择输入，此时可增加一台多路视频选择器来解决这一问题。视频选择器实际上是一种多路视频切换开关，可以对多路输入视频进行适配和切换，由用户控制信号选择，将所需要的某路视频信号送入图像终端。再如，对远程视频监控系统而言，采用网络摄像机作为系统的视频输入显然是一种比较方便、经济的选择。

最后，摄像机的选择还有许多的细节问题需要考虑，例如，对模拟视频信号需要区分是 NTSC 制模拟彩色视频信号还是 PAL 制信号，是标准的复合视频信号还是分量的 S-Video 信号，分量视频的亮度 Y 信号的峰值是否为 1 V，色度 C 信号的峰值是否为 0.3 V，输出阻抗是否为 75 Ω 等细节。对数字摄像机则主要考虑它的接口兼容性。

二、图像信号的接入

这里所述的图像信号的接入，主要是指将已生成的图像信号送到图像设备或计算机设备的过程。由于数字图像信号可以直接送往计算机，因而不需要图像接入设备。但模拟图像信号接入计算机，就必须要有相应的图像接入设备，最常见的就是各种图像采集卡，或者图像捕获卡。如果不是送往计算机，而是送往某一图像处理设备，则在此设备中必须有一个与采集卡类似功能的部件来完成同样的任务。

图像采集卡是基于计算机的一块插卡，通常插于计算机的 PCI 插槽之中，或者通过 USB、IEEE1394 接口、HDMI 接口外置。图像采集卡的作用如同一个小型的视频信号处理平台，它可以对输入的模拟视频进行捕获、数字化、冻结、存储、处理、输出等多种操作。图像采集卡有很多种类，从图像的活动性来分，有静止图像采集卡（早期）、活动图像（视频）采集卡；从图像质量来分，有普通图像质量（8 bit）采集卡、高质量（10 bit）图像采集卡；从图像的应用场合来分，有用于采集普通场景的采集卡、用于显微图像、天体图像等特殊场合的采集卡。

应用较多的活动图像采集卡，又称视频采集卡（Video Capture Card），它的主要功能是从输入的活动视频中实时捕捉一段时间的动态图像，并将它以文件的形式存储于硬盘中，以便进行后期处理。一般来说，它只捕捉外界图像源的连续的图像，但不做处理。它也可以将摄像机、录像机或影碟机中的视频信号实时地接入计算机内部。现在的视频采集卡普遍具有从静态捕获到动态捕获视频图像的功能。有的视频捕获卡（如好莱坞 TC2102 卡、品尼高 v10 卡、益视达 HDV 8000Pro 卡等）还带有视频处理专用芯片，可以进行多种实时视频的处理。

视频捕获卡捕获的图像尺寸一般为标准电视画面，即 768×576，每秒 25 帧（PAL 制）或 30 帧（NTSC 制），捕获后以 AVI、MPEG 或非压缩视频的格式存于硬盘。一般的视频采集卡都支持 NTSC、PAL 视频标准，并可以同时输入 2～4 路复合视频以供切换选择。有的还支持输入 S-Video 信号，以提高输入图像的质量。视频采集卡往往支持多种格式的图像读写，如 BMP、GIF、PCX、JPEG、MPEG 等图像文件格式。更高档的采集卡可支持更高分辨率的图像（如 1 024×768、1 920×1 080 等）、更多的视频采集路数（如 4 路、8 路等）、更快的帧频（如 100 帧 / 秒以上）、更大的存储空间（如数十 GB）。

三、图像信号的显示

图像信号的显示往往是图像处理和图像通信的最终目的。图像信号的显示设备又可分为两种方式，一种是所谓的"硬拷贝"，其目的除了观察图像内容以外，还可以长期保存图像，如彩色打印机、传真机、热转移图像拷贝机等；另一种是所谓的"软拷贝"，如电视机的荧光屏、计算机的显示器、大屏幕投影显示器等，它只是为了临时的观察，看完以后并不需要保存，这是一种经常使用的图像显示方式。

（一）CRT 显示器

彩色阴极射线管（Cathode Ray Tube，CRT）显示器，或称显像管。它主要由电子枪、电子束偏转系统和荧光屏组成。其中电子枪用来发射电子，并使之成为加速和聚焦的电子束，根据输入信号的大小，可以控制电子束的强弱；偏转系统使电子束做水平或垂直的偏转，使电子束根据屏幕扫描路径的要求打在荧光屏的指定位置；荧光屏随着入射电子束的强度发出不同强弱的光，从而显示出可供观看的图像。

常见的彩色显像管是单枪 3 束显像管，在这种显像管中，3 条电子束共用一个电子枪，3 条电子束水平排列，射到荧光屏上对应的像素点。由电子枪发出的 3 束电子流的强弱分别代表所显示像素的 RGB 三基色分量的大小。当电子流击中荧光屏某像素点上对应的 RGB 荧光粉小点时，会使其发出不同的色光，一个像素的三种不同的色光在人眼中混合成某种颜色的光。当电子束周而复始地从左到右、从上到下快速扫描时，由于眼睛的视觉暂留作用，就会在我们眼中形成一幅幅活动的画面。从 CRT 显示器的工作原理可以看出，显像管所需要的输入信号为模拟三基色（RGB）信号。

由于 CRT 显示器的大体积、高功耗、有辐射、分辨率难提高等原因，作为几十年来图像显示的主流产品，近年来渐渐被新兴的液晶显示屏代替，现在已经难觅其踪影了。

（二）液晶显示器

液晶显示器（Liquid Crystal Display，LCD）中的液晶，是一种在一定温度范围内呈现既不同于固态、液态，又不同于气态的特殊物质态，它既具有各向异性的晶体所特有的双折射性，又具有液体的流动性。在显示应用领域，液晶由于它的各向异性而具有电光效应，所以能够制成不同类型的显示器件。

这里以 TN 型（Twist Nematic：扭曲向列，液晶分子的扭曲取向偏转 90°）液晶为例来介绍它的工作原理。在涂有透明导电层的两片玻璃基板间夹上一层正介电导向性液晶，液晶分子沿玻璃表面平行排列，排列方向在上下玻璃之间连续扭转 90°。然后上下各加一偏光片，底面加上反光片，就构成了 TN 型液晶显示器的主体。TN 的改进 STN（Super TN）型液晶，和 TN 型液晶结构大体相同，只不过液晶分子不是扭曲 90°，而是扭曲 180°，还可以扭曲 210° 或 270° 等，其特点是电光响应曲线更好，可以适应更多的行列驱动。

TN 或 STN 型液晶，一般是对液晶盒施加电压，达到一定电压值，对行和列进行选择，出现"显示"现象，所以行列数越多，要求驱动电压越高。因此，往往 TN 或 STN 型液晶要求有较高的正极性驱动电压或较低的负极性电压，也因为如此，TN 和 STN 型液晶难以做成高分辨率的液晶模块。

DSTN（Double STN）液晶，上下屏分别由两个数据通道传送数据，很多液晶屏由于其内部增加了驱动电源的变换部分，所以外部无须输入高驱动电压，通常可以实现单电源供电。到目前为止，STN（DSTN）液晶只可以实现伪彩色的显示，可以实现 VGA、SVGA 等一些较高的分辨率，但由于构成它们的矩阵方式是无源矩阵，每个像素实际上是个无极电容，容易出现串扰现象，因而不能显示真正的活动图像，但 TFT 液晶则彻底解决了这个问题。

TFT（Thin Film Transistor）为薄膜晶体管有源矩阵液晶显示器件，在每个像素点上设计一个场效应开关管，这样就容易实现真彩色、高分辨率的液晶显示器件。现在的 TFT 型液晶一般都实现了真彩色显示。在分辨率上可实现 VGA（640×480）、SVGA（800×600）、XGA（1 024×768）、SXGA（1 280×1 024）、UXGA（1 600×1 200）标准，甚至更高。

LCD 体积小、质量轻、低电压、功耗小、无软 X 射线，几乎可以做到与 CRT 相媲美的全彩色显示和相当的亮度。目前，除了观察视角还不如 CRT 宽，极端亮度、响应速度还不如 CRT 以外，其他各项指标均已超过 CRT 显示器。21世纪以来，随着技术的发展，LCD 显示器的价格逐步下降，性能却稳步上升，在大部分的应用场合 LCD 显示器已经取代了 CRT 显示器。

（三）等离子显示器

图像平板显示的另一有力的竞争者就是和 LCD 同时出现的等离子显示屏（Plasma Display Panel，PDP）。在 PDP 器件中，一种惰性气体（如氙气）充斥在两层玻璃片之间，它间隔 100 ~ 200 μm 宽平行分开排列。使用电极使气体放电产生紫外光，红、绿、蓝荧光物质吸收这些放电的紫外光的能量，再辐射出彩色可见光呈现在屏幕上。因此不同于 LCD，PDP 是一种发射型显示器。

PDP 屏幕尺寸大，造型薄，质量轻，可以将它安装在墙上或天花板上。无论是在水平方向还是在垂直方向，PDP 显示器可提供大于 160° 的视角，观众几乎可以从任意的视点来观赏屏幕上的明晰的图像，而不是仅仅从正对屏幕中心区才能看清。PDP 显示器不受磁场的影响，因此它可以靠近喇叭放置却不会受其磁场干扰而产生屏幕图像扭曲。

PDP 技术发展的速度是很快的，20 世纪 70 年代人们开始彩色等离子显示器（PDP）的研制，1994 年 40 英寸的挂壁式 AD-PDP 显示器展出，前几年大量推出了 65 英寸 PDP 彩色显示屏。但是，PDP 显示器本身还存在一些缺陷，在和其他显示器件竞争时呈现出明显的劣势。

尽管 PDP 的原理和荧光灯的原理类似，但荧光灯具有很高的发光效率（80 lx/w），而目前 PDP 还没有获得这么高的效率。为了达到相同的发光亮度，即使是和 CRT 相比，PDP 需要耗费更多的功率，PDP 成本的大部分在供电部分和传送功率到显示板的集成电路上。PDP 不仅功耗大，而且分辨率也不容易再提高，只能停留在电视机的水平上，远低于液晶屏。再加上 PDP 屏幕的尺寸变化不灵活，难以适应手机、笔记本、平板电脑各种应用。这几项重要的缺陷使它在和液晶屏的激烈竞争中落入了被淘汰的结局。

（四）发光二极管显示器

发光二极管（Light Emitting Diode，LED）显示器是一种通过控制半导体发光二极管的显示方式，用来显示文字、图形、图像、视频等多种信息的显示屏幕。最初，LED 只是作为微型指示灯，在计算机、音响等设备中使用。随着大规模集成电路和计算机技术的不断进步，平板 LED 显示器近年来得到了迅速的发展和广泛的应用。

严格地说，LCD 与 LED 是两种不同的显示技术，LCD 是由液态晶体组成的显示屏，而 LED 则是由发光二极管组成的显示屏。LCD 的液晶面板本身并不发光，它只是控制透过它的透射光的强度。因此，LCD 的后面都必须有一块称之为"背板"的发光源，背板的性能直接影响液晶显示的效果。目前绝大部分的电视 LED 显示屏并不是采用发光二极管来替代液晶，而只是用发光二极管背板来替代 LCD 中原来的冷阴极荧光灯背光板，做到既可节能又可降低显示器的厚度。这样的 LED 显示屏虽然不是真正的由发光二极管独自显示图像，但与 LCD 显示器相比，LED 显示屏色彩鲜艳、亮度高、寿命长、工作稳定可靠，功耗只有 LCD 的几分之一，刷新速率高，能提供宽达 160° 的视角，在视频显示方面也有更好的性能表现。

目前，LED 显示器已成为具有绝对优势的新一代显示器，正广泛应用于大型广场、商业广告、体育场馆、信息传播、新闻发布、证券交易等场所，可以满足不同环境的需要。

近来，出现了更先进的有机 LED（Organic LED，OLED）显示屏，它的单个像元的反应速度是 LCD 液晶屏的 1 000 倍，在强光下也具有足够的亮度，并且能适应 -40℃的低温。

（五）显示器的选用

为了获得理想的图像显示效果，图像系统应尽量选择符合应用要求的显示设备，为此需考虑以下几点。

首先，一般情况下需要考虑显示器的类型，除了户外特大的显示屏，目前基本上都倾向于选用 LED 显示器。其次，要考虑显示器能够接收视频信号的接口和格式。常用的格式包括：模拟 PAL 制、NTSC 制复合视频，S-Video 分量视频，BT.601 标准的数字 YUV 视频，RGB 视频，各种标准的压缩视频。常用的物理接口包括：模拟视频 BNC 接口、RCA 接口，S-Video 接口，数字视频的 IEEE1394 接口，HDMI 接口。最后，显示器的选择需要考虑它的屏幕尺寸和分辨率，尺寸大的显示器观看效果好，分辨率越高，图像的清晰度也越高。对于要求较高的场合，可选择专用的彩色监视器，它的各种技术指标都比普通的电视机、显示器要高。

除了显示器的类型、尺寸和接口以外，还有一些因素在选用显示器时也可以考虑。

（1）尽可能选择有倍频扫描的新型监视器，它可将输入的隔行视频信号进行处理后成为逐行视频信号，经过处理的视频信号在这种监视器上所显示的画面的闪烁感大为减少，图像特别稳定。

（2）安置显示器时要选择适当的位置，使人眼和监视器的屏幕中心在一条水平轴线上，距离监视器为 5 ~ 6 倍的屏幕高度，以保证收看效果良好。注意环境光照对监视器的显示效果的影响，一般光照射到监视器屏幕上的光强度不要超过 100 lx。

（3）在需要同时连接多个监视器的情况下，应增加一台视频分配器，将待输出的视频信号进行放大、分配，可解决多个监视器共同使用的问题。

对于基于 PC 的桌面图像设备，图像的显示比较简单，输出图像就显示在计算机显示屏上或显示屏的一个窗口上，窗口尺寸和位置可随意调整。在这种情况下，图像设备输出的 Y/R-Y/B-Y 数字视频信号，经过格式变换成为相应的 R、G、B 信号送到计算机的显示卡，通过计算机显示屏将图像显示出来。还可根据需要在计算机中增加一块电视卡，将 Y/U/V 或 R/G/B/ 数字视频编码成和电视标准一致的 NTSC 或 PAL 制复合视频或 S-Video 输出，供另一台彩色监视器使用。

四、视频信号的转换

一般数字图像处理系统（基于计算机或 DSP）不能直接处理模拟视频信号，模拟视频信号必须经过电视解码和 A/D 转换进入数字系统才有效；同样，数字系统输出的数字视频信号也不能直接送往显示器去显示，必须将它经电视编码和 D/A 转换后形成模拟视频信号，方能在显示器上显示。

在过去的设备中，模拟视频到数字视频的转换往往是将模拟视频信号首先经过模拟方式的电视解码（Y、C 分离），形成 Y、U、V 三个模拟分量，再分别采用 3 个 A/D 变换器转换为 3 路数字视频分量，如 ITU-R BT.601 标准的数字视频。而数字视频到模拟视频的转换则是将三个数字视频分量信号，首先分别经过三个 D/A 变换器形成 Y、U、V 三个模拟分量，再将这三个模拟视频分量进行电视编码形成模拟复合电视信号或 S-Video 信号。

随着图像信号的数字化的进展，这种模拟和数字之间的转换工作已经发生了很大的变化。在模拟到数字视频的转换中，首先将复合模拟视频信号经过一个A/D变换器转换为数字视频信号，然后在数字域中进行Y、U、V分离，形成三个独立的数字分量。数字视频到模拟视频的转换过程和上述的过程基本相反，即先将Y、U、V数字分量经D/A变换器变为模拟Y、C分量，插入行、场同步和色同步信号后合成为模拟视频信号。

五、图像信号的处理

在数字图像处理和图像通信中，有大量的数字信号处理工作要完成，如在后面的章节中讲到的图像的二维滤波、数据在空间域和频率域之间的相互变换等，这些都要求在很短的时间内甚至是实时地完成。要实现这一点，传统的计算机、数字信号处理器（Digital Signal Processor，DSP）技术已经难以胜任。解决这一问题很大程度上要依靠高速DSP技术的支持，这也促使数字信号处理器必然要打破传统的格局，朝着高速、多核和并行处理的方向发展。

（一）对DSP的要求

和普通的DSP应用的场合不同，在图像系统中对DSP有许多特殊的要求，其原因大致来自三个方面。

1.处理的数据量庞大

和文本信息相比，图像的信息量就显得十分庞大，因此要求DSP运算速度快，具有对信号进行实时处理的能力，具有高速的存储能力，具有高速数据再生和数据定位能力；在运算上要适应简单、规则、重复率高、速度快的算法；如果需要，还应具有并行运算和多机协同工作的能力。

2. 处理的数据量可变、突发性强

图像信息的数据量在很多情况下是随图像的内容而变化的。例如，图像编码中的码率是随着不同的信息内容、不同的时间而不断变化的，场景图像中物体的运动等也会形成数据量的突发或波动。因此要求 DSP 能适应复杂、不规则但运算量较小的算法及控制任务。

3. 图像数据需要满足较高的复合性、同步性、实时性要求

例如，在多媒体通信中所传输的是多种媒体的复合信息，如视频、语音、文本等，各类信息之间存在着很强的时空关联，因此对信息传输的同步性、实时性的要求也很高。

高速 DSP 之所以能够在图像领域得到广泛的应用，主要是它具有以下几点长处：一是它具有很强的实时性，因为 DSP 常常带有一个或多个针对某项处理的硬件协处理器，使处理速度加快；二是它具有较大的灵活性，因为 DSP 的功能是通过面向芯片结构的指令软件编程来实现的，有一些 DSP 还能通过更改底层微码来改变 DSP 的结构和功能，而无须更改硬件平台；三是它的成本较低，因为 DSP 并非是为某种功能所设计的芯片，因而它应用范围广、出片量多，可以降低芯片成本。

（二）新型高速 DSP

近年来，各类新型的高速 DSP 层出不穷，性能也日趋完善。为了能够大体了解这一类新型 DSP 的主要特点和优越的性能，下面简要介绍美国德州仪器（Texas Instruments，TI）公司在 2012 年最新推出的视频片上系统（SoC）"达·芬奇"（DaVinci）系列芯片中的 DM8168。DaVinci 系列芯片是一类综合能力很强的视频处理专用芯片，内部集成了一个高速 C64/67 类 DSP 内核和一个嵌入式

ARM 类 CPU 内核，再加上适当的协处理器和外围电路，可以实时完成复杂的图像数据处理和系统控制工作。

TMS320DM8168 视频片上系统将多路高清视频的采集、处理、压缩、显示、通信以及控制功能集成于单芯片之上，从而满足用户对高集成度、高清视频处理日益增长的需求，为数字图像处理和多媒体应用提供了一个完整的片上系统解决方案，主要特性如下。

（1）集成了 1 个 1 GHz 浮点 C674x DSP、1 个 1.2 GHz ARM Cortex-A8、3 个高分辨率视频图像协处理器（HDVICP2）、1 个高清视频处理子系统 HDVPSS 和 1 个 SGX530 2D/3D 图形加速引擎。

（2）HDVICP 协处理器不仅支持高清分辨率的 H.264、MPEG-4、VC1，还支持 AVS 和 SVC 标准。

（3）具有同时支持 3 路 1 080 p/60 帧高清视频的 H.264 编码能力（时延小于 50 ms）。

（4）支持 2 路 10/100/1 000 M 高速网络接口以太网接口。

（5）支持 PCI-E 总线，USB2.0、HDMI、DVI 等多种外设接口。

（6）支持多达 16 路的模拟视频、音频输入，多达 3 路独立视频显示输出。

（7）支持 256 MB 的 Nand Flash 存储器，2 GB 的 DDR3 存储器。

（8）支持接口：1 路 SD 卡、1 路 RS232、1 路 RS485、10 路 SATA 硬盘。

（三）高速 DSP 芯片的发展趋势

在图像领域中，人们正在继续研究和开发新的处理算法和技术，例如，图像处理中的图像分割、图像融合、图像重建、模式识别、机器学习、神经网络等算法，图像通信中的目标检测、识别、配准和跟踪，图像的小波变换，高清视频的压缩编码、压缩感知中的重建优化算法等。为了满足图像处理、图像通信的各种应用需求，未来的 DSP 的发展在以下几个方面会更加突出。

新型高速 DSP 正朝着高速、多核、低功耗、一体化方向发展，采用 0.05 以下的芯片集成技术，可以将 8 ~ 10 个 DSP 内核集成到一个芯片上。总的 DSP 能力将提高 10 ~ 15 倍，运算能力将达到上千 MIPS。新型 DSP 将采用超过 1 GHz 或更高的时钟速率。在提高性能的同时，芯片的功耗会不断降低，DSP 功耗可降至 0.1 mW/MIPS 甚至更低。

新型高速 DSP 的结构将朝着并行化多处理器的方向发展，如增加芯片内的各运算单元的并行处理能力；或者在一个芯片内设置多个处理器，使它们可同时并行工作；此外还可以增加芯片之间的协同工作能力，方便组成多处理器协同工作系统，甚至组成大型的 DSP 阵列。例如，为了实现运动估计全搜索算法，在一片专用的 DSP 中就包括 256 个可以并行工作的分处理器，只需几十个时钟周期就可以实现一个 16×16 块图像的运动估计。

为了适应不同的应用场合，尽量减少开发的经济开销和节省时间，新型高速 DSP 正在朝"片上系统"的一体化模式发展。一块芯片就是一个系统，可以将原来含有 DSP 的功能板压缩在一块芯片内完成。它内部除了有擅长运算的高速 DSP 以外，还包含有擅长控制和管理的 CPU，如 ARM10。通常这样的 SOC 还会包含一个或多个硬件协处理器，专门从事某项计算负担繁重的运算，如运动估计和补偿、视频格式转换等。SOC 配备有十分丰富的外围接口，如芯片的多路视频、音频的 I/O 接口、芯片和系统总线之间的接口、多种对外的数据通信收发接口、芯片和用户外设之间的接口、芯片和外存储单元之间的接口等。

新型高速 DSP 相关软件的配套也是影响 DSP 应用发展的重要因素之一。要提高 DSP 的应用范围和开发效率，就必须改变目前开发者各自为政的方式。将来 DSP 程序的开发必将朝着规范化、层次化的方向发展，标准化各层次之间的接口，使应用程序的开发从具体的 DSP 结构中脱离出来。这样，DSP 的算法开发者就可以在特定的层次中进行创造性的工作，而不会影响整个系统的软件结构，使开发工作的效率大为提高。

第二章 计算机色彩基础

第一节 色彩的来源

光是产生颜色的物理因素，所有的色彩均产生于纯白色的光。19世纪以来的研究表明，光是电磁波，其中，波长在380~780 nm范围内的电磁波能够让人产生颜色的感觉，叫作"可见光"或"色光"；另外还有红外光、紫外光和X射线等不可见光。人的眼睛之所以能够感知色彩，就是因为有了光照（发射光和反射光）的结果。色光的波长决定了人们感觉到的颜色，比如770 nm左右的色波让人感觉到红色，550 nm左右的色波让人感觉到绿色，450 nm左右的色波让人感觉到蓝色等。物体的颜色也是由物体反射或透射的色光进入眼中的结果，离开了色光，颜色也就不存在了。

一、三原色

原色，又称基色，即用以调配其他色彩的基本色。原色的色纯度最高、最纯净、最鲜艳。通过原色可以调配出大部分色彩，而使用其他颜色不能调配出原色。

通常，原色分为光的三原色和颜料三原色。光的三原色，即RGB（红、绿、蓝）。在各种颜色的光谱中，红（Red）、绿（Green）、蓝（Blue）可以合成自然界中的很多色光，但用其他色光却不能合成它们当中的任何一种，因此三原色又被称为"色光三原色"。而颜料的三原色为红、黄、蓝，使用颜料中的红、黄、蓝可以最大限度地调出其他颜色，但不能用其他颜色调出来，因此被称为"颜料三原色"，在印刷业中则精确地把它们叫作青（Cyan）、品红（Magenta）、黄（Yellow）。

二、色彩的混合

原色以不同比例混合时，会产生其他的颜色。在不同的色彩空间系统中，原色的组合可以分为"加色法混合"（也叫"色光混合"）、"减色法混合"（也叫"色料混合"）和"中性混合"（也叫"空间混合"）三种系统。

1. 加色法混合

加色法混合是色光的混合，当色光混合时，它们的能量是相加的，随着不同色光混合量的增加，色光的明度也逐渐增强，所以也叫色光混合。如红色光与绿色光相重合时，重合区域内增添了光量，于是变形成了黄色。同样，红色和蓝色的混合就会产生品红色；而蓝色与绿色的混合则会产生青色。当三种颜色的光线重叠在一起时，所有的白光成分都聚集在一起，则可趋于白色光，它较任何色光都明亮，如图 2-1 所示。

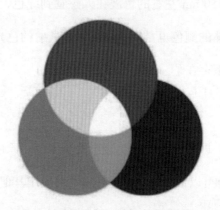

图 2-1 加色法混合

加色法混合效果是由人的视觉器官来完成的，因此它是一种视觉混合。加色法混合的结果是色相的改变、明度的提高，而纯度并不下降。

加色法混合被广泛应用于舞台灯光照明及影视、计算机设计等领域。

2. 减色法混合

减色法混合即色料混合。在物质世界中，因为所有物体都在不同程度地吸收白光，所以物体的颜色实际上只是三原色被反射出来的那一部分光感而呈现出来的某种特定的色彩。譬如，若一个物体呈红色，则意味着该物体材质吸收了白光中的绿光和蓝光，并将光谱中剩下的红色部分反射出来。颜料、油墨和其他种类的色素都具有同样的属性——减弱（吸收）掉一部分光线，而将其余的光反射回去。

在光源不变的情况下，两种或多种色料混合后所产生新色料，其反射光相当于白光减去各种色料的吸收光，反射能力会降低。故与加色法混合相反，混合后的色料色彩不但色相发生了变化，而且明度和纯度都会降低。所以混合的颜色种类越多，色彩就越暗越浊，最后接近于黑灰的状态，如图 2-2 所示。

在绘画、设计、染色、粉刷中的色彩调和，都属于减色法混合应用。

图 2-2　减色法混合

3. 中性混合

在生活中还存在另一种情况，那就是颜色在进入人们的视觉之前没有发生混合，而是在一定位置、大小和视距等条件下，通过人眼的观看作用，在人的视觉内发生混合的感觉，这种色彩混合现象是生理混色。由于视觉混合的效果在人的知觉中没有发生颜色变亮或变暗的感觉，它所得的亮度感觉为相混合各色的平均值，因此被称为"中性混合"。

中性混合是将两种或多种颜色穿插、并置在一起，于一定的视觉空间之外，在人眼中造成混合的效果，所以又称空间混合。其颜色本身并没有真正混合，它们不是发光体，而只是反射光的混合。因此，与减色法相比，中性混合增加了一定的光刺激值。由于它实际比减色法混合明度显然要高，因此色彩效果显得丰富、响亮，有一种空间的颤动感，表现自然、物体的光感更为闪耀。

中性混合产生须具备的必要条件如下。

（1）对比各方的色彩比较鲜艳，对比较强烈。

（2）色彩的面积较小，形态为小色点、小色块、细色线等，并成密集状。

（3）色彩的位置关系为并置、穿插、交叉等。

（4）有相当的视觉空间距离。

第二节　计算机色彩的形成

彩色显示器上创建颜色的系统是基于与自然界中光线相同的基本特性的，计算机显示器是一个人造的白色光源，从显示器上所看到的色彩也是直射到视网膜上的色彩。我们常用的彩色显示器（监视器）是 CRT 彩色显示器（监视器），它通过发射出三种不同强度的光束，使屏幕内侧上覆盖的红、绿、蓝荧光材料发光从而产生颜色，这种方法所显示的色彩实际上是以一种像素网格形式体现的。每个像素位置的电子束强度由红、绿、蓝三支电子枪射出的三支电子束的强度组合而成。当改变三支电子束的强度等级时，可改变荫罩 CRT 显示的颜色。因此，我们在显示器屏幕上看到红色时，显示器已经打开了它的红色光束，红色光束刺激红色的荧光材料，从而在屏幕上亮出一个红色像素；如果关掉红枪和绿枪，蓝色点被激发，只能得到来自蓝荧光层的颜色，这时我们也只能看到蓝色；如果我们看到黄色，是因为绿枪和红枪同等量开放，激发了黄色点；而当蓝点和绿点被同等激励时，荧光层就显现青色。白色（或灰色）区域是红、绿、蓝三支电子枪以同等的强度激励所有三点的结果。在该模式下，可通过对红、绿、蓝的各种值进行组合来改变像素的颜色。这三种基色中的每一种都有一个 0~255 的值的范围，也就是 256 个亮度水平级，当把三种颜色值进行组合时，所有能够得到的颜色有 16 777 216（256×256×256）种。这看起来好像已经是很多种颜色了，但是这些仅仅是自然界中可见颜色的一部分罢了。不过，16 777 216 种颜色对于在一台与装备有 24 位颜色的计算机相连的监视器来说已经足够了。

第三节　计算机色彩模型

数字色彩系统由相关的计算机色彩模型构成。在计算机图形学中，颜色模型就是一个三维颜色坐标系统和其中可见光子集的说明。使用专用颜色模型的目的是为了在一个定义的颜色域中说明颜色。常用的色彩模型有 HSB、RGB、CMYK 以及 Lab 色彩模型。而在计算机图形图像软件中，"色彩模型"是用来描述某种色彩表达方式的，它决定一幅电子图像用什么样的方式在计算机中显示或打印输出。除了上述几种色彩模式外，还包括位图模式、灰度模式、双色调模式、索引色模式、多通道模式以及 8 位 /16 位模式等。每种模式的图像描述和重现色彩的原理及所能显示的颜色数量是不同的，认识这些色彩模式有助于我们在设计中准确把握色彩。

一、HSB——用户直观的色彩模型

HSB 就是 H（Hue）、S（Saturation）、B（Brightness），或者也可以称为 HSV（Hue、Saturation、Value）。HSB 模式是基于人眼对色彩的观察来定义的，在此模式中，所有的颜色都用色相或色调、饱和度、亮度三个特性来描述。用色相（H）、饱和度（S）和明度值（V），或者色相（H）、饱和度（S）和明度（B）色彩三属性，来建立与艺术家使用颜色习惯相近似的色彩模型。

由于 HSB 模型能直接体现色彩之间的关系，所以非常适合应用于色彩设计，绝大部分的设计软件都提供了这种色彩模式，包括 Windows 的系统调色板也采用这种色彩模式。

1. 色相（H）

色相是与颜色主波长有关的颜色物理和心理特性，从实验中我们可以知道，不同波长的可见光具有不同的颜色。众多波长的光以不同比例混合可以形成各种各样的颜色，但只要波长组成情况一定，那么颜色就确定了。非彩色（黑、白、灰色）不存在色相属性；所有色彩（红、橙、黄、绿、青、蓝、紫等）都是表示颜色外貌的属性。它们就是所有的色相，有时色相也称为色调。

2. 饱和度（S）

饱和度是指颜色的强度或纯度，表示色相中灰色成分所占的比例，用 0%~100%（纯色）来表示。

3. 亮度（B）

亮度是指颜色的相对明暗程度，通常用 0%（黑）~100%（白）来表示。

二、RGB——加色混合色彩模型

RGB 模式描述数字图像的颜色在屏幕上显示时的三原色比例。RGB 色彩模型的混色属于加法混色，以 0~255 的数值来表示亮度，每种原色的数值越高，色彩越明亮。当 R、G、B 都为 0 时是黑色，而当 R、G、B 都为 255 时是白色。将 R、G、B 三种基色按照从 0（黑）到 255（白色）的亮度值在每个色阶中分配，当不同亮度的基色混合后，便会产生出约为 1 677（256×256×256）万种颜色。例如，一种明亮的红色可能 R 值为 246，G 值为 20，B 值为 50。当三种基色的亮度值相等时，产生灰色；当三种亮度值都是 255 时，产生纯白色；而当所有亮度值都是 0 时，产生纯黑色。当三种色光混合生成的颜色一般比原来的颜色亮度值高。RGB 色彩模型是计算机显示器及其他数字设备显示颜色的基础，是计算机色彩中最典型、也是最常用的色彩模型。

三、CMYK——减色混合色彩模型

CMYK 颜色模式是一种印刷模式。其中四个字母分别指青（Cyan）、品红（Magenta）、黄（Yellow）、黑（blacK），在印刷中代表四种颜色的油墨，每一种颜色都用百分比来表示，而不是 RGB 那样的 256 级度，以 0~100 的数值表示每种油墨的网点面积覆盖率。

在 CMYK 颜色模式中，C、M、Y 三色分别是色料的三原色，它们是打印机等硬拷贝设备使用的标准色彩。在理想状态下，100% 的青色油墨加上 100% 的品红油墨再加上 100% 的黄色油墨，可以得出黑色。但是这种理想状态是难以实现的，往往得出来的是深褐色而不是黑色。因此，为了能得到更纯正的黑色，就加入了黑色油墨。在 CMYK 模式中，由光线照到有不同比例 C、M、Y、K 油墨的纸上，部分光谱被吸收后，反射到人眼的光会产生颜色。由于 C、M、Y、K 在混合成色时，随着 C、M、Y、K 四种成分的增多，反射到人眼的光会越来越少，光线的亮度会越来越低，所有 CMYK 模式产生颜色的方法又被称为色光减色法。

四、Lab——不依赖设备的色彩模型

Lab 模式的原型是由 CIE 协会在 1931 年制定的一个衡量颜色的标准，1976 年被重新定义并命名为 CIE Lab。此模式解决了由于不同的显示器和打印设备所造成的颜色差异，它可以在不同的计算机系统中交换图形色彩，以及打印到页面描述语言 Post Script Level 2 的输出设备上，从而保持了图形和色彩的始终如一，即它不依赖于设备。

Lab 色彩模型是由照度（L）和有关色彩的 a、b 三个要素组成。L 表示照度（Luminosity），相当于亮度，a 表示从红色至绿色的范围，b 表示从蓝色到黄色的范围。L 的值域为 0~100，L=50 时，就相当于 50% 的黑；a 和 b 的值域都是 +120~-120，其中 +120a 就是红色，渐渐过渡到 -120a 的时候就变成绿色；同样原理，+120b 是黄色，-120b 是蓝色。所有的颜色就以这三个值交互变化所组成。例如，一块色彩的 Lab 值是 L=100，a=30，b=0，这块色彩就是粉红色。

Lab 色彩模型除了上述不依赖于设备的优点外，还具有它自身的优势：色域宽阔。它不仅包含所有的 RGB 和 CMYK 模式中的颜色，而且还能表现它们不能表现的色彩。人的肉眼能感知的色彩，都能通过 Lab 模型表现出来。另外，Lab 色彩模型的绝妙之处还在于它弥补了 RGB 色彩模型色彩分布不均的不足，因为 RGB 模型在蓝色到绿色之间的过渡色彩过多，而在绿色到红色之间又缺少黄色和其他色彩。

如果我们想在数字图形的处理中尽量保留宽阔的色域和丰富的色彩，最好选择 Lab 色彩模型来进行工作，图像在处理完成后，再根据输出的需要转换成 RGB（显示用）或 CMYK（打印及印刷用）色彩模型，这样做的最大好处是它能够在最终的设计成果中，获得比任何色彩模型都更加优质的色彩。

五、黑白模式和灰度模式

1. 黑白模式（Bitmap）

黑白模式在 Photoshop 中文版中又把它叫作"位图模式"，该模式仅使用黑色或白色两种颜色来表示图像中的像素，所以位图模式的图像也叫作黑白图像。这里的位图（黑白）图像与日常生活中的"黑白照片""黑白电视"是不同的，位图（黑白）图像由纯黑色像素与纯白色像素组成，没有过渡色。而"黑白照片""黑白电视"是由黑色、白色和过渡色（灰色）组成的，叫作灰度图像（模式）。

黑白模式表现在印刷中，就是单色印刷。它的一个像素占用 1 bit 的储存器，因此色彩位深度是 1 bit（位），也称为一位图像。用这种色彩表达方式储存的数字图形，像素最简单，文件量最小，是占用磁盘空间最小的一种图像模式。在宽度、高度和分辨率相同的情况下，只约为灰度模式的 1/7 和 RGB 模式的 1/22 以下。它一般只能存储为 TIF 和 BMP 文件格式。黑白位图最适合表现线描图形，也是目前 OCR 光符识别文字扫描的唯一色彩方式。

2. 灰度模式（Grayscale）

灰度模式图像色彩也叫灰阶色彩，它的色彩效果就像具有灰色层次的黑白照片。常用的灰度色彩是 8 bit（位）图像，就是每个像素能表达 2 的 8 次幂，即 256 种灰度色彩。因此，灰度图像中的每个像素都有一个 0（黑色）到 255（白色）之间的亮度值，从而使图像平滑细腻。灰度值也可以用黑色油墨覆盖的百分比来表示（0% 等于白色，100% 等于黑色）。使用黑白或灰度扫描仪产生的图像常以灰度显示。

六、其他色彩模式

1. 双色调（Duotone）模式

双色调模式是一种完整的灰度图像颜色与点色（Spot Color，在印刷中也称为专色）分开打印成二者混合效果的色彩表达方式。双色调模式采用 2~4 种专色油墨来创建由双色调（两种颜色）、三色调（三种颜色）和四色调（四种颜色）混合其色阶来组成图像。在将灰度图像转换为双色调模式的过程中，可以对色调进行编辑，从而产生特殊的效果。而使用双色调模式最主要的用途是使用尽量少的颜色表现尽量多的颜色层次。

2. 索引颜色（Index Color）模式

索引色彩是一种指定的色彩表达方式，该模式最高只能生成 8 位（bit）色彩，以不超过 256 种颜色组成图像。它可以在尽量忠于原图像色彩的情况下，减少颜色的数目，使之节省存储空间或把图像改为其他限定的应用范围。索引颜色模式是网上和动画中常用的图像模式，如 GIF 文件格式，当我们把图像存储为 GIF 格式时，色彩模式将自动转换为索引颜色。

3. 多通道（Multichannel）模式

多通道模式为印刷指定若干种专色油墨以及它们的网点面积覆盖率，该模式对有特殊打印要求的图像非常有用。例如，如果在图像中只使用了一到三种颜色时，使用多通道模式可以降低印刷成本并保证图像颜色的正确输出。

4.8 位 /16 位通道模式

在灰度 RGB 或 CMYK 模式下，可以使用 16 位通道来代替默认的 8 位通道。根据默认情况，8 位通道中包含 256 个色阶，如果增到 16 位，每个通道的色阶数量为 65 536 个，这样就能得到更多的色彩细节。Photoshop 可以识别和输入 16

位通道的图像，但对于这种图像的限制很多，所有的滤镜都不能使用，另外 16 位通道模式的图像不能被印刷。

七、色彩模式的转换

各种色彩模式适合于不同情况下的数字色彩与图像处理，大多数图形图像软件都具备图像色彩模式转换的功能。如在 Photoshop 中，通过执行"图像—模式"子菜单中的命令，可以自由转换图像的各种色彩模式，这种颜色模式的转换有时会永久性地改变图像中的颜色值。例如，将 RGB 模式图像转换为 CMYK 模式图像时，超出 CMYK 色域的 RGB 颜色值将丢失，从而缩小了颜色范围。

1. RGB 模式和 CMYK 模式的转换

在默认情况下，来自扫描仪、数码照相机、数字摄像机、光碟图库的以及直接在计算机上绘制的数字图形和数字色彩，都会以 RGB 色彩模型来显示。因为它是计算机显示器显示色彩的真正色彩模型，其他色彩模型都是在 RGB 的基础上衍生而来的，并且 RGB 色彩模型的计算速度也快于 CMYK 色彩模型的计算速度。

由于 CMYK 的色彩模型的色域比 RGB 色彩模型的色域窄小，在 RGB 和 CMYK 模式之间进行转换时，会伴随着数据的损失，当把 RGB 模式下绘制的图像色彩转换成 CMYK 模式后，会损失部分色彩。为了减少这种损失，应尽量减少这种转换的次数，如果图像是 RGB 模式的，最好先在 RGB 模式下进行编辑，然后再转换成 CMYK 图像。

2. Lab 色彩模型在色彩转换中的优越性

从色域的角度上来看，Lab 模式的色域最宽，它包括 RGB 和 CMYK 色域中的所有颜色。从理论上来讲，Lab 色彩模型包含了所有肉眼能分辨的不同颜色，它是各种色彩模型转换的基础，所以使用 Lab 模式进行转换时不会造成任何色彩上的损失。Photoshop 便是以 Lab 模式作为内部转换模式来完成不同颜色模式之间的转换的，例如，在将 RGB 模式的图像转换为 CMYK 模式时，计算机内部首先会把 RGB 模式转换为 Lab 模式，然后再将 Lab 模式的图像转换为 CMYK 模式图像。

Lab 模式也是一种独立的模式，在不同的设备上都可以正常使用和输出，因此，将图像颜色从其他模式转换为 Lab 模式后，图像颜色不会失真。因此，经验丰富的设计师喜欢在打开新图后先把它转换成 Lab 色彩模型，等全部的图片处理工作完成后，在输出前才把图像转换成需要的色彩模型。这样就尽可能减少由色彩模型的转换而造成的色彩损失，特别是制作高精度的大幅海报或广告时更是如此。

3. 将彩色图像转换为灰度模式

将彩色图像转换为灰度模式时，将去掉原图中所有的颜色信息，而只保留像素的灰度级。灰度模式可作为黑白位图模式和彩色模式间相互转换的中介模式。

在 Photoshop 中，当把 RGB 或 CMYK 色彩模型转换为灰度色彩时，实际上就是把三个（RGB）或四个（CMYK）彩色的通道整合在一个灰度色彩通道里。

4. 将其他模式的图像转换为黑白位图模式

将图像转换为黑白位图模式会使图像颜色减少到两种，这样就大大简化了图像中的颜色信息，并减小了文件大小。在 Photoshop 中，只有灰度模式的图像才能转换为黑白位图模式。因此，要将图像转换为黑白位图模式，必须首先将其转换为灰度模式。这会去掉像素的色相与饱和度信息，而只保留亮度值。但是，由于只有很少的编辑选项能用于位图模式图像，所以最好是在灰度模式中编辑图像，然后再转换它。此外，在将图像转换为黑白位图模式时，Photoshop 会提供五种黑白点阵的构成样式：50% 阈值、图案仿色、扩散仿色、半调网屏和自定图案，可以按照指定的方式转换成多种风格的黑白图像效果。

5. 由灰度色彩转换为双色调

双色调是一种特殊的色彩表达方式，虽然它与灰度图都只包含一个 8 位的色彩通道，但在输出时却是按其所包含的色彩处数分开打印的，因此它能表现出比灰度图更丰富的明暗层次。

RGB 和 CMYK 色彩模型的图像不能直接转换成双色调，必须先转成灰度图，然后再转成双色调模式，双色调色彩的表达方式以灰度图的灰度色彩作为基础，称"ink1（油墨 1）"，另可配置 1~3 种其他点色作为 ink2、ink3 或 ink4，与灰度色彩共同构成一幅双色调图像。

6. 索引色模式的转换

除了一些特殊的用途外，索引色彩主要用于 Web 的色彩。所谓"索引"就是计算机的一种筛选基本色彩的方法，它根据用户对所要保留的色彩设定（从 1 bit/ 像素——两种颜色，到 8 bit/ 像素——256 种颜色），只保留原图中最能体现该图的基本色彩，去除其余的色彩，使色彩精练化。

在 Photoshop 中，只有灰度模式和 RGB 模式的图像可以转换为索引颜色模式。不允许 Lab、CMYK 等色彩模式直接转换为索引色模式，必须先把这些模式转换为 RGB 模式或灰度色彩模式后，才能进行色彩的索引。

7. 多通道模式的转换

多通道模式对有特殊打印要求的图像非常有用。例如，如果图像中只使用了一两种或两三种颜色时，使用多通道模式可以降低印刷成本并保证图像颜色的正确输出。

多通道模式可通过转换颜色模式和删除原有图像的颜色通道得到；将

CMYK 图像转换为多通道模式可创建由青、品红、黄和黑色专色构成的图像；将 RGB 图像转换成多通道模式可创建青、品红和黄专色构成的图像；从 RGB、CMYK 或 Lab 图像中删除一个通道会自动将图像转换为多通道模式。原来的通道被转换成专色通道。

8.8 位 /16 位通道模式的转换

位深度也叫像素深度或颜色深度，是用来衡量在图像中有多少颜色信息显示或打印像素。

较大的深度（每像素信息的位数更多）意味着数字图像中有更多的颜色和更精确的颜色表示。例如，1 位深度的像素有两个可能的值即黑和白，8 位深度的像素有 256 个可能的值，24 位深度的像素有 1 670 多万个可能的值。

在 Photoshop 中，RGB、CMYK 及灰度模式的图像每个通道都是由 8 位组成的。对图像的每个通道，Photoshop 支持最大为 16 位 / 像素。Photoshop 可以识别和输入 16 位通道的图像，但对于这种图像的限制很多，所有的滤镜都不能使用，另外 16 位通道模式的图像不能被印刷。

第四节　计算机色彩表达方式

计算机色彩表达方式是依据不同的色彩模型而产生的。我们通常接触到的色彩数字化表达方式大都包含在各种不同的图形图像应用软件之中。在计算机绘图软件中，我们可以通过以下方法得到用户所需的色彩，这里以常用图像软件 Photoshop 和图形软件 CorelDRAW 为例加以介绍。

一、数字输入法

每一种模型中的颜色都有着相应的数值，数字输入法即通过直接改变各色彩模型的数值来获取所需的颜色。

1. 在 Photoshop 软件中

在使用 Photoshop 软件时，可通过单击工具箱中的前景色（或背景色），打开一个"拾色器"对话框，对话框中显示了当前颜色的 RGB、CMYK、HSB、Lab 及以十六进制表示的相应数值，通过在任一模型中的数字输入框中输入其颜色值，即可获得所需要的颜色。当改变任一模型中的颜色数值时，其他模型中的颜色数值也将发生相应的改变。

以红色（R）为例，在 RGB 模型中因为具有 256 级不同层次灰度的色彩（0~255），所以在 0 级时是全黑，而到了 255 级就是全红了。通过 RGB 三原色不同的数值（灰度级别）的组合即可得到所需的色彩。对于 CMYK 模型来说，在应用中，CMYK 是指油墨的颜色，CMYK 的数值指的是其对应的油墨数量，如 100% 的 M 就是品红色，而 0% 时就是无色（显示纸张的颜色）。

2. 在使用 CorelDRAW 软件中

在 CorelDRAW 软件时，可通过选取工具箱中填充工具下的标准填充工具箱，打开一个"标准填色"对话框，在对话框中的"模型"下拉列表框中有多种色彩模型，通过在模型"组件"数值框中输入数值可以设置相应的颜色。

二、色谱选取法

默认情况下，图形图像软件中选取色彩的方法为色相色谱选取法，该方法通常使用的是 HSB（色相、饱和度、亮度）模型方式。

1. 在 Photoshop 软件中

在 Photoshop 的"拾色器"对话框中，默认情况下，HSB 模型的 H 为选取方式，表明默认的色谱为色相色谱，中部的竖直长条为色谱条，它将色相从下到上按红、橙、黄、绿、青、蓝、紫的光谱顺序排列。移动色相指针即可选择相应色相，对应色相的颜色显示在左边的颜色选取区。颜色选取区的颜色从上到下色相与饱和度不变，亮度从 100% 变为 0；从左到右色相和亮度不变，饱和度从 0 变为 100%。因此，拾色区中的颜色是按色相、饱和度、亮度三要素的 HSB 安排的。除了 H 色谱方式，S、B、R、G、B、L、a、b 都可以作为色谱的标准。当选取颜色时，在颜色选取区内移动选色光标（空心圆圈），或在选定的颜色处单击，即可选择相应色彩，如图 2-3 所示。

图 2-3　颜色选取

2. 在 CorelDRAW 软件中

在 CorelDRAW 的"标准填色"对话框中，默认的色谱为色相色谱方式，拾色区中的颜色按色相、饱和度、亮度三要素的 HSB 模式安排。颜色选取区的颜色从上到下色相和饱和度不变，亮度从 100% 变为 0；从左到右色相和亮度不变，饱和度从 0 变为 100%。在色谱条上拖动色相滑块选择色相，然后在颜色选取区内移动选色光标（小方块），或在选定的颜色处单击，即可选择相应色彩，如图 2-4 所示。

图 2-4　标准填色

三、色板与色盘选取法

色板与色盘颜色选取是图形图像软件中选取颜色的基本方法。

1. 在 Photoshop 软件中

在默认情况下，Photoshop 中的色板调板是以选项卡的形式组合在"颜色、色板、样式"浮动调板组中。单击"色板"标签或在"窗口"菜单中勾选"色板"命令，都可以打开"色板调板"。在调板上包含了一些常用的基本颜色，从中可以进行直接选取。另外，也可以通过单击调板右上角的快捷菜单按钮，从调板菜单中选择不同的调板类型来获得更多的颜色，或用删除、添加颜色来创建自己的色板集，也可以存储一组色板并重新载入以用于其他图像，如图 2-5 所示。

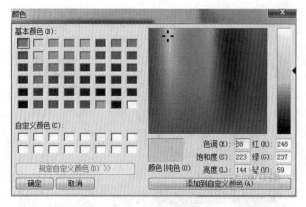

图 2-5　色板调板

2. 在 CorelDRAW 软件中

在默认情况下，CorelDRAW 软件中有多种样式的色板，打开 CorelDRAW 后，在窗口的右边有一个 CMYK 模式调板，从中可以直接进行颜色选取。另外，也可以在"标准填充"对话框中选取"调色板"标签，打开"调色板"对话框，从中可以选择多种形式的调色板进行颜色的选取，如图 2-6 所示。

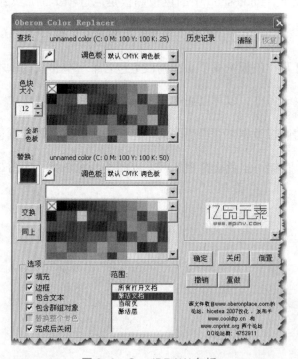

图 2-6　CorelDRAW 色板

四、颜色调板选取法

颜色调板使用结合滑杆调节和色谱选择的方式选取颜色。在默认情况下，颜色调板同样位于"颜色、色板、样式"浮动调板组中。在 Photoshop 软件的浮动面板中选取"颜色"标签，或在"窗口"菜单下选择"颜色"命令，都可以打开"颜色"浮动面板。"颜色"浮动面板会显示当前选择的前景色或背景色的颜色值，包括灰度、RGB、HSB、CMYK、Lab、Web 颜色模式，根据图像模式或从浮动面板菜单中可以进行选择切换。拖动其中的滑块，可以对选择的前景色或背景色进行编辑。另外，也可以从浮动窗口底部的颜色栏所显示的色谱图中直接选择前景色和背景色，色谱分为 RGB、CMYK、灰度色谱，色谱最右方为纯白色和纯黑色，用鼠标在色谱图中点击或按住鼠标在色谱中拖动都可以选取颜色。在选中颜色的同时，上方的滑块会跟着变换读数，如图 2-7 所示。

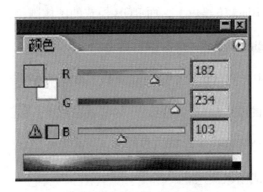

图 2-7　"颜色"浮动面板

第五节　色彩通道

　　通道是计算机图像处理的重要概念，也是生成图像众多特殊效果的基础，通道的主要功能是保存图像的颜色信息，在 Photoshop 中处理图像时也用于存放图像中的选区。

　　通道的原意即色光通过之道。在计算机图像处理中，通道主要用来存放图像像素的原色信息。一幅图像由不同的原色（Primary Color）所组成，而记录这些原色信息的对象就是通道，每一原色均以独立的通道来处理。因此，可以把通道看作是某一种色彩的集合。图像中的默认颜色通道数取决于图像的颜色模式，例如，一个 CMYK 图像至少有四个通道，分别代表 Cyan（青色）、Magenta（品红）、Yellow（黄色）和 Black（黑色）；而 RGB 模式的图像则包含了 Red（红色）、Green（绿色）和 Blue（蓝色）三种颜色通道。

　　在 Photoshop 中，默认情况下通道在窗口中显示为灰度图像，由黑至白的灰度模式来记录图像的原色信息，包括颜色的位置和浓度。如红色通道记录的就是图像中不同位置红色的深浅（红色的灰度），将各原色的灰度分别用一个颜色通道来记录，最后合成图像颜色。

　　通道一般分为三类：第一类通道用来存储图像色彩信息，这些通道是默认的；第二类通道用来存储图像中的选区，这些通道都是附加的，通常称为 Alpha 通道；第三类通道称为专色通道，可以直接在 Photoshop 中输出专色，为印刷增加专色印版。

第六节　位深度、色彩域

位深度和色彩域知识是需要掌握计算机如何存储和显示图像中的颜色信息以及色彩空间的重要知识。

一、色彩的位深度

位深度也称为像素深度或颜色深度，它度量在显示或打印图像中的每个像素时可以使用多少颜色信息。"位"是计算机存储器里的最小单元，它用来记录每一个像素颜色的值。一幅点阵图由许多像素（可以看成是显示屏上的小点）组成，而这些像素（小点）对应储存器中的"位"，而就是这些"位"的数值的大小决定了图形的属性，如每个像素的颜色、灰度、明暗对比度等。位深度越大就意味着图像具有越多的可用颜色和较精确的颜色表示，从整幅图形上来看，色彩就更丰富、细腻。

当数字图形的颜色增多时，计算机就要用更多的信息"位"来记录所需的颜色或灰度等级的数目。它是以 2 为底的幂来进行计算的。黑白二色的图形是数字图形中最简单的一种，它只有黑、白两种颜色，也就是说它的每个像素只有 1 位颜色，位深度是 1，用 2^1 来表示。同理，若是一个 4 位颜色的图，它的位深度是 4，用 2^4 表示，有 16 种可能的值即 16 种颜色或 16 种灰度等级；一幅 8 位颜色的图，位深度就是 8，用 2^8 表示，它含有 256 种颜色或 256 种灰度等级。

24 位颜色称为真彩色，位深度是 24，它能组合成 224 种颜色，即 16 777 216 种可能的值。对于 24 位的 RGB 图像来说，就是 RGB 的三个通道都分别由一个灰度图像来描述，这个灰度图像为 8 位深度，即红、绿、蓝（RGB）三基色各以

2^8=256 种颜色而存在的，所以 24 位的 RGB 位深度即 8 位 × 3 个通道（$2^8 \times 3$），就是每通道 8 位色 RGB 图像。

同理，对于 32 位 CMYK 图像来说，实际上是 $2^8 \times 4$，即"8 位 × 4 个通道"，青、品、红、黄、黑（CMYK）四种颜色各以 2^8（256）种颜色而存在，四色的组合就形成 4 294 967 296 种颜色，或称为超千万种颜色。色彩位深度对照见表 2-1。

表 2-1　色彩位深度对照表

二进制	位深度	颜色数量
28	8	256 色
216	16	65 536 色
224	24	16 777 216 色
232	32	4 294 967 296 色
264	64	18 446 744 073 709 551 616 色

在大多数情况下，Lab、RGB、CMYK 及灰度图像的每个颜色通道都包含 8 位深度，即转化成通常所说的 24 位 RGB、32 位 CMYK、8 位灰度图像。对 Photoshop 还可以处理每通道 16 位数据的 RGB、CMYK 及灰度图像，甚至每通道 32 位的 RGB 图像，但在 24 位图像时，所包含的颜色信息已超过了人眼能够分辨的颜色数量，通常对于一般的图像领域已足够用了，所以超过每通道 8 位深度的情况较少涉及。

二、各种颜色的色彩域

色域（Color Gamut）是指某种设备所能表达的颜色数量所构成的范围区域，即各种屏幕显示设备、打印机或印刷设备所能表现的颜色范围。色域是对一种颜色进行编码的方法，也指一个技术系统能够产生的颜色的总和。在计算机图形处理中，色域是颜色的某个完全的子集。颜色子集最常见的应用是用来精确地代表一种给定的情况。在现实世界中，自然界中可见光谱的颜色组成了最大的色域空间，该色域空间中包含了人眼所能见到的所有颜色。

伴随"色域"这一词语的产生，我们常常还能见到"色彩空间"（Color Space）这一名词。色彩空间是指某种显示设备能表现的各种色彩数量的集合，色彩空间越广阔，能显示的色彩种类就越多，色域范围也就越大。

1.CIE 的色彩域

为了能够直观地表示色域这一概念，CIE 国际照明协会制定了一个用于描述色域的方法：CIE-XYZ 色彩空间的色度坐标图，俗称"马蹄图"。"马蹄图"的边缘是光谱轨迹，是红、橙、黄、绿、青、蓝、紫等单色光的坐标的连线，由这些单色光合成的各种色光都在"马蹄图"内部。由于色光合成会变亮，因此"马蹄图"的内部比边缘亮，深入某一点时就会成为白色。从理论上来讲，可见光分布的色域就是 CIE 所表示的色域。实际上"马蹄图"是一个平面的色彩空间，"马蹄图"合成颜色使用的是明亮光谱中的单色，没有考虑亮度降低逐渐变成黑色的情况，从色相上来说，"马蹄图"包含人眼所能识别的所有颜色。而 Lab 是一个立体的色彩空间，是由亮度 L 以及 a、b 两个色彩范围构成。

在这个"马蹄图"坐标系中，各种显示设备所表现的色域范围用 RGB 三点连线组成的三角形区域来表示，三角形的面积越大，表示这种显示设备的色域范围就越大，如图 2-8 所示。

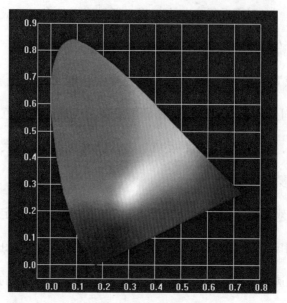

图 2-8 "马蹄图"坐标

2.RGB 的色彩域

RGB 是计算机荧光屏及其他常见数字设备显示颜色的色彩方式。由于 R、G、B 三种颜色各能产生 256 级不同等级亮度的颜色，它们叠加在一起就可形成 16 777 216 种颜色。RGB 色域涵盖了 CMYK 硬拷贝色域和所有颜料、涂料的色域。

从 CIE 色度图我们可得知，任何三基色能混合产生的颜色，都不能包含人的视觉能感知的全部色域。

3.CMYK（印刷）色彩及 CMYK（打印）色彩的色彩域

当今的印刷术以 CMYK 四色印刷为代表，它采用 C（青）、M（品红）、Y（黄）、K（黑）四色高饱和度的油墨以不同角度的网屏叠印形成复杂的彩色图片。

CMYK 印刷颜色是印刷油墨所能表现的色域，它与计算机上 CMYK 色彩模型能表达的色彩不是一回事。因此，我们在应用计算机进行色彩设计时，系统会提示超出印刷、打印的"警告色"，可见 CMYK 印刷颜色的色域小于 RGB 屏幕颜色的色域。从"马蹄图"上能明显看到 CMYK 印刷色域与 RGB 色域的差别，它的色域比 RGB 色域小了许多。

CMYK 打印颜色是打印机彩墨所能表现的色域。由于打印机彩墨的色彩饱和度低于印刷油墨，喷墨打印墨点之间还会出现色料的减色混合。因此它的色域也小于 CMYK 印刷颜色的色域，打印机打印出来的彩色图片的色彩表现力也次于印刷色彩。

4. 手绘颜料的色彩域

传统绘画的色彩调配通常只用几十种、最多一百多种颜料。颜料在配制过程中需要加入很多充填剂，经过绘画过程的颜料相互调和后，色彩的饱和度（彩度）继续降低，它能产生的色彩种数远远少于数字化的 RGB 色彩和 CMYK 色彩，其色域范围也小得多，完全被数字色彩的色域所涵盖。它与 CMYK 打印颜色的色域接近，但略小于打印颜色的色域。

综上所述，我们可以从这几种不同颜色的色彩域中看出它们之间的区别：CIE 所表示的色域最宽，它跟可见光分布的色域一致；其次是 RGB 屏幕颜色的色域，它的色域较宽；再次是 CMYK 印刷颜色的色域，它比 RGB 的色域要窄得多；再往后是 CMYK 打印颜色的色域，它小于 CMYK 印刷颜色的色域；最后是经典颜料色彩的色域，它的色域最窄。

第七节　计算机色彩调整的基本方法

计算机色彩调整的目的是让显示器可以更好地显示颜色，以达到符合工作需要的颜色显示标准。否则，显示器上图像的颜色可能与打印件或在另一台显示器上显示的同一个图像相差甚远。

一、ICC 显示器配置文件

ICC 的全称是"International Color Consortium"，即"国际色彩联盟"，是 1993 年由 Adobe、Agfa、Apple、Kodak、FOGRA、Microsoft、Sun Microsystem 等印前设备及软件开发商组建的。他们开发了连接不同色彩空间的文件，就以 ICC 为格式，以 icm 或 icc 为后缀。在计算机上按这些后缀搜索，可以找到 ICC 文件存储的位置。ICC 文件只能在特定的位置上才能发挥作用。如果使用色彩管理和准确的 ICC 配置文件，显示器将更可靠地显示颜色。

校色的结果总是保存为 ICC 文件，有时需要更换 ICC 文件，比如针对 6 500 K 标准光源有一个 ICC，针对 5 000 K 又有一个 ICC，针对不同的纸、油墨、印刷厂或打样公司也有不同的 ICC。

调用 ICC 的方法如下。

1. 调用显示器 ICC

在 PC 上，校色软件自动将 ICC 加到系统的显示属性中。右击桌面，从弹出的菜单中选取"属性"，在打开的"显示属性"对话框中选取"设置"选项卡，再单击"高级"按钮，在打开的对话框中选取"颜色管理"选项，就会看到校准过的 ICC。但是在这里更换 ICC 对屏幕是不起作用的，必须用校色软件重新过一遍才能更换 ICC。

在 Mac 上，单击桌面左上角的"苹果"按钮，从弹出的菜单中选择"系统预置"，打开"系统预置"对话框，选择"显示器"，从打开的对话框中再选择"颜色"，就会看到系统中存储的各种 ICC，勾选"仅显示这台显示器的概述"，则只能看到校准过的 ICC。在这里更换 ICC 时，屏幕的颜色也会跟着改变。

另外，在 Photoshop 中也可以调用显示器 ICC。按"Ctrl+Shift+K"键打开

"颜色设置"对话框，在"工作空间"区域的"RGB"下拉菜单中选择"显示器RGB"，那么当系统更换显示器 ICC 时，Photoshop 也会自动更换。

2. 调用印刷色 ICC

在 Photoshop 的"颜色设置"对话框的"工作空间"区域的"CMYK""灰色""专色"下拉菜单中分别调用针对四色印刷、单色印刷、专色印刷的 ICC，在这些下拉菜单中选择"载入 CMYK"，然后再按软件的提示去找 ICC 即可。

二、校色软件和仪器

校色软件和仪器有多种品牌，校色软件可指导用户调节屏幕的黑白场、中性灰、三原色和 Gamma 值等，但要靠眼睛来判断其结果是否准确；有些则是软件和硬件配合使用的，软件发出一系列 RGB 数据让屏幕显示出来，硬件是小型色度仪或分光光度仪，可以贴在屏幕上测量 RGB 颜色的真实光学数据，将结果传给软件，生成 ICC 文件。

如果要求不是特别高，校色软件也可以使用 PC 版 Photoshop 附带的 Adobe Gamma 或苹果机的"苹果显示器校准程序助理"进行校色。

三、标准光源

标准光源是校准印刷色 ICC 时用来照亮印刷品的，用普通荧光灯管不能校色。因为它的光谱中只有红、绿、蓝三原色，照射印刷品时不能正确地辨别一些颜色。校准屏幕应购买台式标准光源，它可以放在显示器旁。

对标准光源要求如下。

（1）光谱分布连续。

（2）显示指数不小于 90%。对若干种标准色，能够正确辨别的颜色占多大百分比，这就是显色指数。荧光灯的显色指数只有 75% 左右。

（3）色温为 5 000 K 或 6 500 K。色温越高，颜色越冷，5 000 K 和 6 500 K 是中性偏暖，是印刷厂检查样张使用的色温。5 000 K 接近正午的日光，简称 D50；6 500 K 接近正午阴凉处的光照，简称 D65。

（4）有足够的亮度，按行业标准《色评价照明和观察条件》（CY/T 3—1999），标准光源的亮度对透射稿要达到（1 000 ± 250）cd/m²，对反射稿要达到 500~1 500 lx。

（5）光线应均匀漫射照明观察面，在观察面上看不到光源的轮廓或亮度突变，亮度的均匀度（观察面上最低亮度与最高亮度的比值）不小于 80%。

四、室内环境

普通灯光要柔和、稳定、中性，不直射屏幕和眼睛。墙壁、地面、工作台为灰色，以免影响对颜色的判断。屏幕不要正对窗口，校色时拉上窗帘。为防止标准光源发出的光线影响屏幕，还可以在显示器上安装遮光罩。

五、显示器

显示器本身要有足够的能力，这样校色软件才能对它起作用。如果一台显示器不能把黑色显示出足够黑，显示的白色始终不能达到中性，或者三原色发灰，校色软件也不能把它变得有多好。颜色不稳定、不均匀的显示器也不必校准。另外，液晶显示器的颜色会随视角而变，也不适合用来检查印刷色。

六、使用 PC 的 Adobe Gamma 校准

安装 Photoshop 后，控制面板里就会出现 Adobe Gamma。双击打开"Adobe Gamma"对话框，在这里可以选择"逐步"和"控制面板"两种方式。

"控制面板"是把各种功能集中在一个面板里，若选择"逐步"，则打开载

入 ICC 文件对话框，这里显示的 ICC 是显示器当前使用的 ICC，可以以它为校色起点，也可以选择其他的 ICC 为校色起点，单击"加载中"，打开文件浏览器，从系统存储 ICC 的目录下选择一个 ICC。

单击"下一步"，进入校准对比度和亮度的对话框，按照提示再调整对比度和亮度。

再单击"下一步"，进入后选择荧光粉类型对话框。对索尼的特丽珑显像管、东芝的钻石珑显像管，选择 Trinitron。如果是其他显像管，可选择 HDTV（CCIR 709）。如能在显示器说明书中查到荧光粉的三刺激值，则选择"自订"，打开一个对话框填入这些数据。

单击"下一步"，进入伽马校正设定对话框。首先设置伽马值，PC 用 2.2，苹果机用 1.8，也可以取消"仅检测单一伽马"选项，设定 RGB 三色伽马值亮度，通过调节红、绿、蓝色块下面的滑块，让每个色块中不带条纹的部分和带条纹的部分尽量难以分辨。可以眯着眼睛看，或在屏幕上蒙上一张硫酸纸。在调节这些颜色的时候，要注意屏幕各处的灰色界面，调节三原色的目的是为了正确地显示中性灰。

单击"下一步"，设置白场色温，按标准光源的色温，选择 5 000 K 或 6 500 K。

单击"下一步"，出现是否同意已调整的最亮点是否如同硬件对话框。一般情况下，选择"如同硬件"选项。

单击"下一步"，出现完成 Adobe Gamma 色彩校正对话框。可以选择"之前"与"之后"观察调整前后的显示器效果。

单击"完成"，存储 ICC 文件。在存储后，系统的显示属性会自动调用这个 ICC 文件，在"开始—程序—自动"菜单下出现"Adobe Gamma Loader"选项，保证每次开机都调用经过校准的 ICC 文件，如果这一项丢失了，Adobe Gamma 校准的结果就失效了。

第八节　色彩管理基础

色彩管理是指运用软、硬件结合的方法，在生产系统中自动统一地管理和调整颜色，以保证在整个过程中颜色的一致性。

一、色彩管理的基本原理

色彩管理是指色彩空间（如扫描仪、显示器、打印机、冲印机、印刷机等）的管理，就是如何控制并描述我们在计算机屏幕上看见的，扫描仪捕获的，彩色样张上的和印刷机印刷的图像色彩。色彩管理随图像输出产生，被应用到越来越多的领域。从图像创建或色彩捕获到最终图像输出，从一个设备到另一个设备的转换，色彩管理系统尽量保持并优化颜色的保真度，以保证颜色在输入—处理—输出的整个过程中的一致性。

（一）关于色彩管理

在出版系统中，没有设备能够重现人眼可以看见的整个颜色的范围。每种设备只在一定的色彩空间内工作，且只能生成某一范围或色域的颜色。因此，不同类型的设备往往会有不同的颜色特征和功能。例如，对于同一组颜色，显示器无法显示出打印机能够打印出来的色彩效果，扫描仪和相机的颜色特征也不同，这是因为每个设备呈现彩色内容的过程是根本不同的。各种品牌、类型和颜色特征的设备的呈色特征的多样性增加了颜色准确再现的难度，图文信息在这些设备的传递过程中，难免会产生信息损失，使相同的图片在各个设备上的显示效果相去其远，严重的甚至会使整幅图像面目全非。要正确而完整地复制原稿，必须有一种对色彩转换和传递进行控制的机制，这就是色彩管理。

色彩管理简称 CMS（Color Mangement System），它首先是一个色彩空间的问题，即基于哪个色彩空间来进行色彩的控制。例如，RGB 和 CMYK 颜色模式代表两类主要的色彩空间，由于 RGB 和 CMYK 空间的色域不同，尽管 RGB 色域通常要比 CMYK 色域大，但仍有一些 CMYK 颜色位于 RGB 色域之外。另外，在同一颜色模式内，不同的设备产生的色域也略有不同。如在扫描仪和显示器之间存在多种 RGB 空间，在印刷机之间存在多种 CMYK 空间。同一幅图像在这些设备上输出时，最后的颜色效果完全有可能不同，这是因为它们处于不同的色彩空间的缘故，会出现色彩表达上的差异。

由于不同的设备和软件使用不同的色彩空间会产生颜色匹配问题，解决方案就是通过某个系统来准确地解释和转换设备之间的颜色。色彩管理系统（CMS）可将创建颜色的色彩空间与将输出该颜色的色彩空间进行比较并做必要的调整，使不同的设备尽可能一致地表现颜色。

需要注意的是，不要将色彩管理与颜色调整或色彩校正混淆。色彩管理系统（CMS）不会校正存储时存在色调或色彩平衡问题的图像。它只提供了一个最终能够输出可靠评测图像的环境。

色彩管理必须建立在一个与任何具体的设备、材料、工艺无关的颜色空间。目前，在色彩管理技术中，所谓的颜色特征连接空间，是采用 CIE Lab 的色度空间，任何设备上的颜色都可以转换到此空间上，形成"通用"描述方式，然后再进行色彩的匹配转换。在计算机操作系统内部，实施色彩匹配转换的任务是由"颜色匹配模块"完成的，它对颜色转换和颜色是否匹配有着重要的意义。

（二）是否需要色彩管理

使用下列原则决定是否需要色彩管理。

如果制作过程完全由一种介质控制，可以不需要色彩管理。例如，使用的是一种封闭式系统，其中的所有设备以相同的规范校准。

如果是制作用于 Web 或其他基于屏幕输出的图像，也可以不需要色彩管理。因为不能控制最终输出的显示器的色彩管理设置。

如果在制作过程中有很多的可变因素，可以使用色彩管理。例如，使用的是具有多个平台的开放系统和来自不同制造商的多种设备。

二、设备特性文件

设备特性化是用以界定输入设备可辨识的色域范围与输出设备可复制的色域范围的工作，并将不同设备之间 RGB 或 CMYK 的色彩与 CIE 所制定的设备色彩建立设备色彩与设备独立色彩间的色彩转换对应文件，该文件被称为设备特性文件。

设备特性文件描述了设备的颜色特征，如果这是一个 RGB 设备，那么它的设备特性文件就说明了这个设备的每一种 RGB 组合分别再现了什么颜色。我们可以将设备的特性文件看成是一个色彩的双语字典，一种语言是在 XYZ 或者 Lab 中的实际感觉到的色彩，另一种语言是与设备相关的 RGB 或 CMYK 的数值。设备的特性文件将这个设备的控制信号（RGB 或 CMYK 值）和在它上面产生的实际感觉到的颜色也就是明确的 Lab 或 XYZ 值联系起来。因此，直接决定了颜色在不同设备颜色空间转换的准确性。

在色彩管理中，要在设备之间获得满意的颜色匹配的效果，必须采用能够准确描述设备颜色特征的特性文件。由于已经选定了与设备无关的颜色空间，即

CIE Lab 色度空间，设备的颜色特征就表现为：该设备的描述数值与"通用的"颜色空间的色度值的对应关系，这个对应关系即为该设备的颜色描述文件。

每台设备都必须有一个特性描述文件才能进行色彩管理，如扫描仪的特性描述文件、显示器的特性描述文件、打印机的特性描述文件等。一套色彩管理系统将所有的设备与一个中央 Profile 连接空间连在一起，一些是输入，一些是输出。中央 Profile 连接空间将与设备相关的色度空间转换到 CIE Lab 色度空间，它是一个三维的与设备无关的度量色彩的标准色空间，如将 RGB 色空间转换到 CIE Lab，或将 CMYK 色空间转换到 CIE Lab。每个特性描述文件将设备（和它的图像）与中央空间联系起来，每加入一个新的设备，只需加入一个与中央空间相连接的特性描述文件即可。如果在网络上能够找到一个设备及其特性描述文件，那么系统里的所有设备都将立即知道该设备的特性。用户即可在新加入的设备与其他设备之间进行图像的传递和沟通了。

在色彩管理技术中，常见的设备颜色特征描述文件有三类。第一类是扫描仪特征文件，它提供了柯达、爱克发、富士公司的标准原稿及这些原稿的标准数据，利用扫描仪输入这些原稿，扫描数据与标准原稿数据的差值反映了扫描仪的特性。第二类是显示器的特征文件，它提供了一些软件，可测出显示器的色温，然后在屏幕上生成一系列色块，这些色块信息反映出了显示器的特征。第三类是打印设备的特征文件，它提供一套软件，该软件在计算机中生成一个含有数百个色块的图形，然后将图形在输出设备上进行输出，如果是打印机就直接打样，印刷机则要先出胶片、打样再印刷，对这些输出的图像进行测量即反映出打印设备的特征文件信息。

对于印刷企业中的设备的颜色特征的文件，图文信息处理的操作员有两种途径获得。第一种途径是在购置设备时，生产厂商随设备一起提供的 profile，它可以满足该设备一般的色彩管理要求，在安装设备的应用软件时，profile 就装入系统了。第二种途径是使用专门的 profile 制作软件，按照现有设备的实际情况，生成适用的色彩特征描述文件，这样生成的文件通常会比较准确，也较符合用户的实际情况。由于设备、材料和工艺流程的状态会随时间发生变化或产生偏移。因此，需要每隔一段时间就要重新制作 profile，以适应当时的颜色响应状况。

三、建立显示、输入、输出设备特性文件

在彩色图像复制过程中，要做到显示、输入、输出颜色统一性，就必须实行标准化、规范化、数据化的色彩管理。

国际彩色联合会（The International Color Consortium）命名并签署的 ICC 特性文件是对特定设备色彩翻译能力的描述，这个特定设备可以是扫描仪、数码相机、显示器、打印机，也可以是印刷设备。该特性文件定义了设备的色域或色彩范围，以及设备怎样扭曲色彩的情况（就是设备偏离正常色彩的偏移量，这点很重要）。ICC 特性文件使得无数不同厂商提供的设备用一种标准的可携带的格式来描述各自的色彩情况成为可能。

（一）输入和显示

显示器在整个彩色加工的流程中处于输入和输出的中间环节。因此，它能否准确地显示输入原稿或者准确预示输出结果的色彩效果将直接影响整个管理系统所见即所得的性能。

为显示器建立特性文件，可以利用 Apple Color Sync 2.5 或 Photoshop 提供的 Adobe Gamma 工具。只需要用眼睛，而不需要用任何其他的测试仪器，Apple Color Sync 2.5 和 Adobe Gamma 就能让用户对显示器进行校色并且建立特性文件。

另外，也可以使用软件建立显示器特性文件，如来自 Color Solutions、

Haidelberg、Kodak 的适当的模块。在标准光源下，用屏幕色度计测量，校正屏幕，用配套软件生成一个针对当前工作状态的设备特征文件。在这种情况下，建立显示器特性文件的软件会在屏幕上显示出一系列已知 RGB 数值的色块，然后将这些数值与使用专业色度仪测量这些色块的数值进行比较，再由软件计算出其间的差值，生成这台显示器的特性文件，最后，将生成的特性文件加载（也称嵌入）到计算机操作系统（如 Windows XP）显示属性对话中的"设置—高级—颜色管理"中，只有这样，显示器才能算得上是具备了显示正确色彩的能力。因此，建立显示特性文件不仅仅是对显示器而言，校准的过程实际上更针对的是显卡、显卡驱动和显示器本身的综合过程，也就是整个显示系统。

　　扫描仪是一个读取颜色的设备，生成扫描仪特征文件的方法都是相似的。首先扫描一张标准色标，目前常用的 IT8 色标，色标由 264 个色块组成，代表了整个 CIE L*a*b* 色彩的采样，底部带有 23 极中性灰梯尺。现在生产色标的公司（Kodak、Fuji 和 Agfa）所生产的各种色标之间会有细微差异，但这些差异能够被分析出来，而且不影响使用色标的彩色管理系统精度。色标上的色块由已校准的分光光度计测量其色度值 L*a*b*，从而生成色标的 L*a*b* 参数表。这个参数表一般由厂家提供色标时附带，要建立某个扫描仪的特征文件时，用该扫描仪扫描色标并获得色标上每一块色块的 RGB 值，这样，就可以建立一张 RGB 和 L*a*b* 之间的转换速查表，它可将扫描仪上生成的 RGB 文件的某一点映射到 L*a*b* 空间上，这就是扫描仪特征文件的基本构成和使用原理。扫描仪会随着使用时间的长短而出现参数漂移，扫描仪设备特征文件的这种随条件而变的局限性给色彩管理带来离散性，因此，扫描仪要做好校准工作。现在生产的专业扫描仪，以海德堡公司中的探戈、普天系统的扫描仪为例，所使用的 New Color 7000 配套扫描软件已经带有很强的色彩管理特点，其本身就有自动校准功能，无须客户担心就能保证扫描的准确性；有标准的显示器 RGB 的 ICC 特征文件也可以加入客户针对当前工作状态的 RGB 特征文件，它是采用 RGB 直接性文件进行扫描生成 L*a*b* 的图像模式，不仅可以随意修改图像特征文件、饱和度、亮度、色相，而且不用重新扫描，有非常高的灵活性，能将各种设备特征文件嵌入彩色图像中。

（二）打样和打印

随着分光光度计的普及，彩色喷墨、激光打印机和印刷机的特征文件都用色标生成方法，将 IT 87/3 的数字色标（整个色标共有 928 个由不同 CMYK 组合值构成的色块）分别在彩色喷墨、激光印字机输出，并根据自己当前使用的纸张、油墨在印刷机上印出。然后，用分光光度计测量出打印样张和印品各个色块的 Lab 色度值，将结果填入记录表并保存，建立 CMYK 色空间和 Lab 色空间的映射转换关系，生成针对特定彩色印刷过程的特征文件。

为了得到最好的效果，不仅要针对每个打印设备建立特性文件，而且需要针对每一种纸张创建自定义的特性文件。例如，喷墨打印机在一般的平面办公纸上打印的颜色和在光面纸上打印的效果是完全不同的。某些建立特性文件的软件（如 Agfa 的 ColorTune Pro、Kodak 的 ColorFlow 和 Color Solution 的 ColorBlind）可以让用户通过优化色调或者编辑特性文件以补偿因纸张的不同、光的条件的不同和其他因素而引起的变化。

四、色彩管理流程

色彩管理就是使用不同的色域转换策略，解决采集、显示、输出各种设备间的颜色转换匹配问题。色彩管理包括：①输入设备间的颜色匹配；②原稿颜色与显示器颜色之间的匹配；③输出设备间的颜色匹配；④显示器颜色与印刷品颜色之间的匹配；⑤原稿与印刷品之间的颜色匹配。

首先，要建立标准颜色环境的标准光源。因为视觉感应会受到周围环境的影响，光线、墙壁、家具的颜色等都会影响我们在显示器上或印张上所看到的颜色。因此建立一个专业的色彩管理流程的第一步应该是建立一个中性灰的环境并将光源标准化。标准光源核心部件应具有较高的色温和较高的显色指数，国际标准照明委员会（CIE）及国家印刷行业标准规定观察反射样张的标准光源色温5 000 K、6 500 K，显色指数通常为 >95%。5 000 K 是 CPM 透射标准光源，德国 JUST 公司荧光灯管显色指数是 97%。使用标准光源对样张进行观测的同时要求室内光线恒定。

其次，选择与设备无关的颜色空间。根据色彩理论，任何一种白光颜色可由色光三原色 R、G、B 匹配出来，但三原色的比例不是唯一的。任何一种中性灰都可用色料三原色 C、M、Y 匹配出来。然而由于色料对光的不完全吸收，要达到理想的中性灰和满足实际印刷的效果，必须用黑墨来弥补。这样对同一色块，用不同的设备来表现，得出的 C、M、Y、K 比例是不同的。例如，某一色块，用一种油墨印刷再现时 C、M、Y、K 的比例为 64%、36%、8%、10%，用喷墨打印机再现时比例为 60%、30%、10%、10%，这说明描述同一颜色的物理量 C、M、Y、K 与设备和材料有关。若用 CIE L*a*b* 读取上述色块，则印刷时的 CIE L*a*b* 值和喷墨打样时的 CIE L*a*b* 值相同，那么在视觉上颜色的外观是一致的，这说明 CIE L*a*b* 是与设备无关的、可独立地描述颜色的物理量。CIE L*a*b* 色彩空间的色域远远大于其他的设备相关的色彩。

然后，建立描述设备颜色的特征文件（Profile），以反映设备表现色彩的范围和特征，利用这个特征文件就可以完成该设备的色空间和 L*a*b* 色度空间之间的映射转换。

五、操作系统中的色彩管理

早期的电脑系统是没有色彩管理的，直到 20 世纪 90 年代苹果电脑推出了 Color Sync 1.0 色彩管理，但都限于苹果设备之间的色彩控制。由于 ICC 的推动，现今的电脑操作系统已内置色彩管理效能，如果其他应用软件及硬件支持 ICC 的话，便可获得准确的色彩转换。色彩管理系统的基本结构是以操作系统为中心，CIE Lab 成为参考色彩空间，ICC 特征档案记录仪器输入或输出色彩之特征，应用软件及第三者色彩管理软件成为使用者的色彩控制界面。色彩特征档案如 ICC 及 Color Sync 2.0 储存于电脑硬盘中的一个特定档案夹，当需要做色彩转换时，操作系统便会从这个档案夹中搜寻需要的特征档案。

六、图形图像软件中的色彩管理

一般情况下，图形图像软件遵从的色彩管理流程是以 ICC 指定的规范为基础的。完全的色彩管理应用软件比如 Photoshop 和 Illustrator 使用了不依赖于任何设备的理论的 RGB 色空间，如 Adobe1998、Apple RGB、sRGB1966 等，并且将显示器独立于源设备和目标设备的色彩转换之外，通过做一个快速的内部转换将数据送到显示卡上去，所以在每一台独立的显示器上颜色的显示也都是正确的。但其实内部的处理还是一样的，应用程序首先观察源特性文件（应用程序的当前工作色空间），判断它在理论 RGB 里的实际值，然后观察目标特性文件（显示器），判断在显示器上应该用什么样的 RGB 值来再现这种颜色，转换后通过显卡送到显示器上去。

Photoshop 中色彩管理方式：Photoshop 在图像处理领域占有举足轻重的地位，很多从事印前工作的人员都是在 Photoshop 软件内完成分色和图像调节工作的，因此，Photoshop 的色彩管理直接关系到图像的色空间转换结果和在显示器上的颜色显示。为了保证颜色的准确传递，在 Photoshop 中必须先做好色彩管理工作。

Photoshop 通过将大多数的色彩管理控制集中在"编辑—颜色设置"对话框中，从而简化了设置颜色管理工作流程的任务。用户可以从预定义的色彩管理设置列表中选择，也可以手动调整控制来创建自定义设置。甚至可以保存自定义设置，以便和其他用户及其他使用"颜色设置"对话框的 Adobe 应用程序，如 Illustrator 共享这些设置。Photoshop 也使用色彩管理方案，用于决定如何处理不直接与当前色彩管理工作流程匹配的颜色数据。

指定色彩管理设置流程如下。

（1）设置预定的色彩管理或自定色彩管理设置。

（2）指定工作空间。

（3）指定色彩管理方案。

（4）自定高级色彩管理设置。

（5）存储和载入色彩管理设置。

当创建自定色彩管理配置时，应命名并存储配置，以确保能与其他用户和使用"颜色设置"对话框的应用程序共享；也可以将以前存储的色彩管理配置载入"颜色设置"对话框。

在对话框的最上方有一个"设置"下拉菜单，它主要是决定采用什么样的色彩管理设置。其具体的设置包括"色彩管理关闭""Photoshop 默认的色彩空间""Web 图形默认设置""美国印前默认设置""欧洲印前默认设置"等，可以酌情选用。如果对这些设置进行了修改，则是自定义设置。

第三章　计算机上的图像展示技术

第一节　静态图像展示程序

VGASHOW 是由 Videotex Systems，Inc.（Videotex 系统公司）开发的用于显示 TGA、PCX、TIF、BMP 和 GIF 格式静态图像文件的专用程序，它方便易用，并具有自动识别电脑系统的显示卡的功能，是 DOS 下最为常用的静态图像文件播放器。

一、VGASHOW 的命令格式

在 DOS 下使用 VGASHOW 图像显示程序的命令格式如下：

VGASHOW filename[/tx][/p][/q][/c][/o][/sx][/mx]

其中的参数和开关所代表的意义如下。

filename——用于指定任何一个格式为 TGA、PCX、TIF、BMP 和 GIF 的图像文件的名字。在指定该参数时可以使用通配符（ * 和？ ），这样就使得用一条 VGASHOW 可以连续显示多个图像文件。

/tx——用于指定每一个图像文件显示的时间长度为 x 秒钟。

/p——用于指定在两个图像文件的显示之间的指定时间内不允许暂停，即一个图像显示完指定的秒数后，会自动转到下一个图像的显示。

/q——指定把文件信息显示在 VGA 屏幕上。

/c——指定连续循环地显示所有图像。

/o——指定在显示图像文件时，像素一对一地显示，即在一个显示模式下按原来图像的像素所定义的大小显示在屏幕上。如果不指定该开关，那么在显示一个图像时将会自动按比例充满整个屏幕。

/sx——用于指定电脑系统上使用的显示卡，如果不指定，则将自动诊断出电脑上所使用的显示卡。这里 x 的取值与对应的显示卡的关系见表 3-1。

/mx——指定显示图像时所用的显示模式。如果不指定，则在显示图像时就会自动采用当前显示器所处的显示模式。x 的取值与对应的显示模式（分辨率和颜色数）见表 3-2。

表 3-1　x 的取值与对应的显示卡

x 的取值	对应的显示卡
0	Video7
1	Paradise
2	Tseng 3000
3	ATI
4	Genoa
5	Trident
7	Tseng 4000
8	Everex
9	Chips and Technologies
10	Ahead
11	AheadB
12	Oak
13	Vision/Trident
14	VESA

表 3-2 *x* 的取值与对应的显示模式

x 的取值	对应的显示模式
4	CGA $320 \times 200 \times 4$
6	CGA $640 \times 480 \times 2$
14	EGA $640 \times 200 \times 16$
16	EGA $640 \times 350 \times 16$
18	VGA $640 \times 480 \times 16$
19	VGA $320 \times 200 \times 256$
30	SVGA $800 \times 600 \times 16$
31	SVGA $1\,024 \times 768 \times 16$
40	SVGA $640 \times 400 \times 256$
41	SVGA $640 \times 480 \times 256$
42	SVGA $800 \times 600 \times 256$
43	SVGA $1\,024 \times 768 \times 256$
50	SVGA $640 \times 400 \times 32\,768$
51	SVGA $640 \times 480 \times 32\,768$
52	SVGA $800 \times 600 \times 32\,768$
99	Hercules

二、VGASHOW 显示图像文件举例

下面举例说明使用 VGASHOW 显示图像文件的方法。

【例 4.1】将图像文件 LINGIF01.GIF 的图像显示 3 秒。

使用这条命令即可实现：

VGASHOW LINGIF01.GIF/t3

【例 4.2】自动展示当前目录下的所有 BMP 格式图像文件，让每一个文件的显示时间为 2 秒。

使用这条命令即可实现：

VGASHOW *.BMP/t2/p

【例 4.3】在 $800 \times 600 \times 256$ 的显示模式下，自动展示当前目录下名字以 LIN51 打头的所有 TIF 格式图像文件，使每一个文件的显示时间为 2 秒。

使用这条命令即可实现：

VGASHOW LIN51 *.TIF/t2/p/m42

【例 4.4】自动循环展示当前目录下的名字，以 LIN32 打头再跟一个字符的所有 PCX 格式图像文件，使每一个文件的显示时间为 2 秒。

使用这条命令即可实现：

VGASHOW LIN32 ? .PCX/t2/p/o

第二节　静态图像展示程序 NOMSSI Viewer

NOMSSI Viewer（NV）是由 Jacques NOMSSI NZALI 研制的图像显示程序，它是在 DOS 环境下具有图形用户接口（Graphic User Interface，GUI）的静态图像展示程序。NV 可以支持的图像文件格式包括 TIF、FCX、GIF、BMP、TGA、LBM 和 JPG。

NOMSSI Viewer 支持鼠标操作，下面通过鼠标操作描述使用它来展示静态图像的方法。

一、显示一个特定的图像文件

进入 NV 程序之后，我们就可以看到主用户界面图。

用鼠标双击"驱动器列表框"中的驱动器可以选定需要的驱动器。如果有很多的驱动器，可以用鼠标操作滚动按钮或滚动块来显示更多的驱动器。

用鼠标双击"文件列表框"的子目录可以改变当前路径。其中"..\\"表示当前目录的上一级目录。

用鼠标单击"文件过滤器"中的文件类型，可以改变"文件列表框"中显示的文件名的文件类型。

用鼠标单击"文件列表框"中的某一图像文件名，即选中了一个特定的图像文件。如果想要显示更多的文件名，可用鼠标操作文件列表框的滚动按钮或滚动块。被选中的图像文件的名字会出现在"文件名"栏上，该图像文件的一些信息也会显示在屏幕上。

在选定一个图像文件后，用鼠标单击"Load"（装载）按钮，即可在屏幕上显示相应的图像文件的图像。如果不能显示，则说明需要更改显示配置。有关更改显示配置的方法，我们稍后再做介绍。

显示完图像后按 Esc 键退出图像显示状态，如果按 Enter 键将显示该文件的下一个图像文件。

二、自动连续地显示多个图像文件

要实现多个图像文件的自动连续显示，对 NV 来说是一件很容易的事情。

如果需要，可以用鼠标双击"驱动器列表框"中的驱动器号选定需要的驱动器，用鼠标双击"文件列表框"的子目录，可以改变当前路径，用鼠标单击"文件过滤器"中的文件类型，可以改变"文件列表框"中显示的文件名的文件类型。

选中要连续显示的图像文件的所有文件名。具体做法是，用鼠标单击"文件列表框"中需要的文件名，然后按 Space（空格）键，则文件名被选中，它的前面会出现一个钩标记；重复这样的操作直到所有要连续显示的图像的文件名全部被选中。在选择过程中，如果要取消对某一文件的选定，则用鼠标单击该文件名，然后再按 Space 键即可。

当选择好所有要连续显示的图像的文件名后，用鼠标单击 SlideShow（幻灯片式显示）按钮，这样屏幕上就会出现设置 SlideShow 选项的对话框，根据需要设置参数和选项，然后单击对话框的 Begin（开始）按钮，这时被选中的图像文件就会连续且有间隔地一一显示出来。如果不能显示，则说明需要更改显示配置，有关更改显示配置的方法，我们稍后再做介绍。

在显示过程中，如果一个图像显示时间还未到，单击鼠标或按 Enter 键，则可以立即切换到下一幅图像的显示。

为了便于设置 SlideShow 连续显示多个图像的选项，这里我们给出 SlideShow 选项对话框的重要参数及选项的说明。

Setup delay between two pictures 设置两幅图像间的延时

Time in Seconds 以秒计的时间

Cycle Slideshow 循环地连续显系图像

Superpose pictures 重叠（显示）图像

Disable Beep 取消声音提示

三、更改显示配置

为了改变图像的显示效果，或当图像不能显示时，就需要更改显示配置。更改显示配置的方法和步骤如下。

按 Alt + O 键打开 Options（选项）菜单选择其中的 Display（显示）命令，或者用鼠标单击 Options 菜单选择其中的 Display 命令，还可以直接按 F9 键，这样屏幕上就会出现 Setup viewer options（设置展示器选项）对话框。

根据需要设置 Setup viewer options 对话框中需要的选项。其中 [ ] 表示复选框，（ ）表示单选项。

为了便于设置，在此我们将该对话框中重要选项的英文的中文注释列于此。

① Picture 图片：

Scale down 按比例缩小

Aspect ratio 纵横比例

Mode auto 模式自动设置

Center 图像显示时居中

Tile 图像显示时铺列

VESA driver VESA 驱动程序

② Colors 色彩：

8 bits - 256 8 位 256 色

15bits - 32K 15 位增强 32K 色

16bits - 64K 16 位增强 64K 色

24 bits - 16M 24 位真彩 16M 色

③ Quantization 量化：

Grayscale 灰度

④ Contrast 对比度：

linear 线性的

Diffusion dither 发散抖动

monitor 校验的

Median-Cut 中值截取

customized 定制的

Oct-tree 十六进制数

Pattern dither 模式抖动

⑤ Resolution 分辨率：

设置好 Setup viewer options 对话框后，用鼠标单击 OK（确定）按钮，这样就完成了显示配置的设置。

第三节　静动态图像展示程序 Sea Graphics Viewer

SEA 是由 Rational Systems，Inc.（Rational 系统公司）开发的 DOS 下的静态图像和动态图像展示程序。该程序于 1995 年推出，全称为 Sea Graphics Viewer，是目前比较好的 DOS 下的图像文件播放器。

SEA 可以支持下面的静态图像格式：JPG、TGA、BMP&RLE、TIFF、PCX、GIF、LBM（IFF）、Dp2e-LBM、BBM & PCC、PNM（PBM、PGM、PPM）和新的 PNG 格式。使用经验表明，这些格式的静态图像比其他同类程序显示速度要快，用 SEA 还可以实现这些图像文件格式间的转换。

SEA 的另一个特点是它支持 FLI 和 FLC 格式的动态图像文件（动画文件）的预演和按真实分辨率的播放。

SEA 可以自动诊断所有的 VESA 显示卡及显示模式，能够支持不同的色彩数目，使图像的播放真实自然。SEA 的界面是 800×600 的，实现全面用鼠标操作。

一、显示图像的基本操作

SEA 可以显示多种格式的静态图像和 FLI 及 FLC 格式的动画运动图像，是理想的图像展示程序，下面是一些基本操作要领。

进入 SEA 所在的目录下，用 SEA 命令启动它，程序运行在当前目录之下，计算机屏幕上立即出现主用户界面。主用户界面的中部显示的是当前目录下的图像文件和子目录。主用户界面上的图像文件名包括文件名（和扩展名）本身、图像大小、图像的颜色数和图像文件的格式。

通过对用户主界面的操作，可以轻易地实现下面的多种功能。

1. 选择需要的驱动器

用鼠标单击主用户界面的"驱动器及目录显示区"，屏幕上会出现选择驱动器对话框，这时用户只要用鼠标双击需要的驱动器即可选中该驱动，选择需要的驱动器的另一个更为简捷的方法：直接按 Alt 键 + 驱动器字母，如按 Alt+C 键就选定了驱动器 C，按 Alt+D 键就选定了驱动器 D。

一旦选定了一个新的驱动器，主用户界面显示的内容也会随之改变。

2. 选择需要的目录

在主用户界面的中间部分的左上角列出了当前目录下所有子目录，以及代表当前目录上一级目录的两个小圆点（..），用户只要用鼠标双击子目录即可进入相应的子目录，而双击两个小圆点可以进入到上一级目录。

当光标条处于某一子目录名所在的行时，按 Enter 键即可进入该子目录。

当光标条处于任何位置时，按 Backspace 键，就可以进入当前目录的上一级目录。一旦选定了一个新的目录，主用户界面显示的内容也随之改变。

3. 选择需要的复选框

在主用户界面的上中部列出四个复选框，只要用鼠标单击，就可以选中或取消需要的复选框，被选中的复选框前的小方框变成高亮度。

四个复选框及意义如下。

Scale（缩放或变比）——选中该复选框后，无论要展示的图像大小如何这些要展示的图像都会自动地做缩放或变比处理，将整个图像按现行的显示器分辨率和颜色（称为显示模式）显示在计算机的屏幕上。

Grayscale（灰度）——选中该复选框后，图像不是以彩色方式展示，而是以灰度方式显示。

Auto res.（自动调节分辨率，这里 res. 指的是 resolution）——选中该复选框后，显示器的分辨率将根据要展示的图像自动地调节分辨率。

Preview（预览）——选中该复选框后，被选中的图像会在屏幕上预览显示。

4. 翻屏操作

如果当前目录下的子目录和图像文件有很多，那么在一个屏幕上就不能全部显示子目录和图像文件的名字，这时可以用鼠标单击"翻屏按钮"来实现翻页。

5. 设置显示模式

设置显示模式是指选择适当的颜色数和分辨率。只要用鼠标单击主用户界面的"颜色及分辨率显示区"，或用鼠标单击主用户界面下面"提示信息栏"的最左区域"+/-/*：Resolution"，屏幕上就会出现如图选择颜色及分辨率对话框，这时用鼠标双击需要的显示模式即可。

6. 获得帮助信息

用户按 F1 键或用鼠标单击"提示信息栏"的"F1：Help"区域，就可以获得帮助信息。

7. 退出 SEA 程序

如果想退出 SEA 程序，只要用鼠标单击主用户界面的"退出按钮"，或按 F10 键，或者用鼠标单击"提示信息栏"的"F10：Quit"区域即可。

为了便于使用，我们以表 3-3 的形式给出相应的中文注释。

表 3-3　SEA 程序中所用的操作键

主用户界面所用的键		显示图像时所用的键	
操作键	实现功能	操作键	实现功能
F1	获得帮助信息屏	Enter	到下一图像
F2	转换选定的文件	Backspace	到上一图像
F3	设置选项	Escape	返回主用户界面
F4	创建目录	+/-	下一个 / 上一个分辨率
F5	设定缩放（变比）	*	选择分辨率
F6	设定灰度	F5	设定缩放（变比）
F7	设定自动调节分辨率	r/R	增加 / 减少红色
F8	设定预览	g/G	增加 / 减少绿色
F9	执行连续显示	b/B	增加 / 减少蓝色
F10	退出	Alt+A-Z	改变驱动器
Enter	显示高亮度文件	Backspace	进入上一级目录
Space	选中高亮度文件	Delete	删除选定的文件
+/-	下一个 / 上一个分辨率	Insert	复制选定的文件
* 其他键	选择分辨率加速搜索	Alt+F10	获得关于信息

二、设置 SEA 程序的选项

为了使 SEA 程序的用户界面良好、操作方便并获得所需要的图像显示效果，我们需要设置自己想要的选项，具体方法如下。

用鼠标单击主用户界面"信息提示栏"的"F3: Options"区域，或直接按 F3 键，进入选项对话框，设置需要的选项（○）和复选框（□），然后单击 OK 按钮即可。如果单击 Cancel 按钮即取消对选项的改变，如果单击 Defaults 按钮则会使所有选项恢复为缺省设置。

下面我们将选项对话框中的各选项以表 3-4 的形式做出中文注释，供读者参考。

表 3–4　SEA 程序可以设置各种选项

Interface Colors（界面颜色数） ○ 256 Color（256 种颜色） ○ 32K/64K Color（32K/64K 色）	□ Scale（缩放） □ Grayscale（灰度） □ Auto resolution（自动调节分辨率） □ Preview（预览）
□ Alt—X quits（按 Alt+X 键退出）	
Directory（目录） ○ Show all files（显示所有文件） ○ Show files with supported extensions only （只显示具有支持扩展名的文件）	JPEG Preview mode（JPEG 预览模式） ○ Full size color（真实大小和颜色） ○ Thumbnail color（简明颜色） ○ Full size grayscale（真实大小灰度） ○ Thumbnail grayscale（简明灰度）
Sort on（按…分类） ○ Filename（文件名） ○ Extension（扩展名）	FLI Preview mode（FLI 预览模式） ○ Default image（缺省图像式） ○ First frames（第一帧） ○ Play entire animation（播放整个动画）
□ Scan file info（扫描文件信息）	
Max screen x-res（x 向最大分辨率） ○ 800 ○ 1 024 ○ 1 280 ○ Unlimited（不作限制）	Slide delay time（连续显示延迟时间） ○ 0 sec.（0 秒） ○ 1 sec.（1 秒） ○ 2 sec.（2 秒） ○ 3 sec.（3 秒） ○ 5 sec.（5 秒） ○ 10 sec.（10 秒） ○ 30 sec.（30 秒）
□ Ready beep（就绪时发声） □ Error beep（出错时发声）	
Dither method（抖动方法） ○ Ordered（有序法） ○ Error diffusior（错误散射法） ○ Floyd/Steinberg	□ Cyclic slide show（循环连续显示）

三、选择需要操作的图像文件名

SEA 程序对图像文件的主要操作包括显示、连续显示、格式转换、复制和删除。它们都是建立在选择文件的基础上的，即先选择图像文件名，然后再完成需要的操作。

选择文件的操作十分简单，通过选择驱动器和选择目录，使得要实现某种操作的文件名出现在主用户界面上即可。

用鼠标单击某一图像文件名（或所在的行），光标条立即出现在该行上，我们也可以用光标移动键将光标条移动到某一图像文件名所在的行。如果主用户界面的 Preview（预览）复选框是选定的，则屏幕上会立即预览显示出光标条所在的图像文件。如果光标条在右，则图像文件会在屏幕的左边预览显示出来。

选择图像文件的方法十分简单，在选择某一个图像文件时，用鼠标单击该图像文件所在的行或用光标键将光标条移动到要选定的图像文件所在的行，该图像文件则立即在屏幕上预览显示出来，按 Space 键，则该图像文件被选中，并以高亮度白色显示。重复以上操作直到所有需要的图像文件选中，选中的图像文件均以高亮度白色显示。我们不妨把这些选中的图像文件称为选中名单。如果要从选中名单中取消某一图像文件，其方法也很简单，只要用鼠标单击该文件所在行或用光标键将光标条移动到该图像文件所在的行，再按 Space 键即可。

在选定或取消图像文件名按 Space 键后，光标条自动移动到下一行。

如果没有任何图像文件被选定，即所有图像文件名都不是以高亮度白色显示的，则表示选定了所有的图像文件名。

在选定了图像文件名后，就可以开始进行操作了。

四、显示特定的图像文件

进入 SEA 程序，通过选择驱动器和选择目录进行操作，如果需要，应设置相应选项，当某一特定的图像文件名出现在主用户界面上时，用鼠标双击该图像文件名，则相应的图像就会显示在屏幕上。或者用光标键将光标条移动到该特定图像文件名所在的行，然后按 Enter 键即可看到相应的图像显示在屏幕上。

如果在显示一个图像文件之前已经选定了某（些）文件，则在屏幕上显示一个图像时，单击鼠标或按 Enter 键，屏幕上将会显示出下一个选定的图像文件。

如果在显示一个图像文件之前，没有选定任何图像文件，这实际上表示选定了主用户界面上列出的所有图像文件。在这种情况下，当屏幕上正显示一个图像时，单击鼠标或按 Enter 键，则屏幕上会显示出紧接的下一行所列出的图像文件。

在显示任何一个图像时，单击鼠标的右键或按 Esc 键，即可回到主用户界面状态。

五、自动连续地显示多个图像文件

自动连续地显示多个图像文件是针对选定的文件而言的。也就是说，要先选定显示的图像文件，然后再自动连续地显示这些图像。

在实现自动连续显示选定的图像文件之前，应该根据需要设置显示两幅图像之间的时间间隔，这个参数就是选项对话框中的 Slide delay time（连续显示延迟时间）。

在设置好连续显示延迟时间和选定要显示的图像文件之后，用鼠标单击"提示信息栏"的"F9：Run Slide"区域或按 F9 键，屏幕上就会按设定的时间间隔自动连续地显示选定的文件。显示的顺序是按在主用户界面排列的次序，从第一个选定的图像文件到最后一个选定的图像文件。如果我们在设置选项时，选中了选项对话框的 Cyclic slide show（循环连续显示）复选框，用鼠标单击"提示信息栏"的"F9：Run Slide"区域或按 F9 键，那么选定的文件将自动、连续、循环地一一显示出来。

如果我们未选定任何图像文件，则 SEA 程序就假定选择了主用户界面上列出的所有图像文件，这时用鼠标单击"提示信息栏"的"F9：Run Slide"区域或按 F9 键，屏幕上就会按设定的时间间隔，自动连续地显示从光标条位置到最后一个行列举出的所有图像文件。如果我们在设置选项时，选中了选项对话框的

Cyclic slide show 复选框，则用鼠标单击"提示信息栏"的"F9：Run Slide"区域或按 F9 键，屏幕上就会从光标条位置开始按设定的时间间隔，自动连续地显示主用户界面上列出所有图像文件。

在显示任何一个图像时，单击鼠标的右键或按 Esc 键，即回到主用户界面状态。

六、用 SEA 程序转换图像文件的格式

SEA 程序还具有完成显示图像文件以外的功能，下面我们简单介绍使用它实现图像格式的转换。

如果只实现对某一个图像文件的格式转换，则不需要选择图像的文件操作。SEA 程序假定，在没有任何图像文件被选定的情况下，要转换的图像文件是光标条所在行的图像文件。因此要转换某一个图像文件只要用鼠标单击该文件所在的行或用光标键把光标移动到这个图像文件所在的行即可。

如果要实现一次性转换多个图像文件的格式，则应该首先选定要进行文件格式转换的图像文件，使它们以高亮度白色显示。

下面是实现图像格式转换的基本做法和步骤。

（1）如果无图像文件选定。

一次只能转换一个图像文件的格式，这时应先使光标条处于要转换格式的图像文件所在的行；一次要转换多个图像文件的格式则选定要转换的所有图像文件。

（2）用鼠标单击"提示信息栏"的"F2：Convert"区域或者按 F2 键，这样屏幕上就会立即出现图像格式转换对话框。

（3）根据需要设置转换对话框的各选项。

这些选项包括 Destination type（目标类型）、Output colors（输出颜色数）和 Dither method（抖动方法），它们分别指的是要把图像文件转换成某种格式，转换后图像文件采用多少种颜色和图像采用的抖动算法。

（4）在转换对话框的 Destination path（目标路径）框中输入转换后生成的图像文件放置在哪一个驱动器的哪一个目录下，如果不做输入，则表示生成的图像文件仍然放置在当前目录之下。用户也可以根据需要改变 JPEG quality 和 PNG compression level（压缩率）的数值。

（5）单击转换对话框的 OK 按钮即可完成相应的转换。转换后，屏幕上就出现一个名为 Converting 的对话框，会给出如下信息。

Total files processed（处理文件的总数）

Files Successfully converted（成功完成转换的文件数）

Pictures that did not fit in memory（不适合内存的图像个数）

Pictures that contained errors（包含错误的图像个数）

Write Errors（文件写入错误）

七、用 SEA 程序实现图像文件的复制

用 SEA 程序还可以将图像文件复制到其他的路径之下。如果没有任何文件选定，则可以把当前光标条所在行的一个图像文件进行复制；如果选定了图像文件，则可以把选定的全部图像文件进行复制。下面是复制图像文件的操作方法及步骤。

如果无图像文件选定，一次只能复制一个图像文件的格式，这时应让光标条处于要进行复制的图像文件所在的行；如果一次要进行多个图像文件的复制，则应选定要进行复制的所有图像文件。

按 Insert 键，这时屏幕上会出现一个名为 Copy 的对话框，在 Destination（目标）框中输入文件复制的目标路径，然后用鼠标单击对话框的 OK 按钮。

八、用 SEA 程序实现图像文件的删除

用 SEA 程序也能实现图像文件的删除操作。如果没有任何文件选定，则可以把当前光标条所在行的一个图像文件删除掉；如果选定了图像文件，则可以把选定的全部图像文件删除掉。下面是删除图像文件的操作方法及步骤。

如果无图像文件选定，一次只能删除一个图像文件，这时应让光标条处于要删除图像文件所在的行；如果一次要进行多个图像文件的删除，则应选定要删除掉的所有图像文件。

按 Delete 键，这时屏幕上会出现一个名为 Delete 的对话框，其内容是给出这样的确认信息：

Are you sure you want to delete the selected file（s）？

（你确实想删除选定的文件吗？）

用鼠标单击 Delete 对话框的 OK 按钮，即可实现图像文件的删除。

第四章　智能图像变换

第一节　颜色空间转换

一、几种常用的颜色空间转换

（一）RGB 颜色与灰度级的转换

RGB 颜色转换为灰度级。Y=0.299R+0.587G+0.114B。

灰度级转换为 RGB 颜色。R=G=B=Y。

（二）RGB 颜色与 CIE XYZ Rec 709 颜色的转换

CIE XYZ 颜色模型使用三种假想的标准基色，用 X、V 和 Z 表示产生一种颜色所需要的 CIE 基色量。因此，在 XYZ 模型中描述一种颜色的方式与 RGB 模型类似。在讨论颜色性质时，可以使用下列方式对 X、Y 和 Z 进行规范化。

$$\begin{cases} x = X / (X + Y + Z) \\ y = Y / (X + Y + Z) \\ z = Z / (X + Y + Z) \end{cases} \tag{4-1}$$

将 RGB 颜色转换为 XYZ 颜色：

$$\begin{pmatrix} X \\ Y \\ Z \end{pmatrix} = \begin{pmatrix} 0.412 & 0.358 & 0.180 \\ 0.213 & 0.715 & 0.072 \\ 0.019 & 0.119 & 0.950 \end{pmatrix} \begin{pmatrix} R \\ G \\ B \end{pmatrix} \tag{4-2}$$

将 XYZ 颜色转换为 RGB 颜色：

$$\begin{pmatrix} R \\ G \\ B \end{pmatrix} = \begin{pmatrix} 3.240 & -1.537 & -0.499 \\ -0.969 & 1.876 & 0.042 \\ 0.056 & -0.204 & 1.057 \end{pmatrix} \begin{pmatrix} X \\ Y \\ Z \end{pmatrix} \tag{4-3}$$

（三）RGB 颜色与 YCrCb 颜色的转换

JPEG 采用的颜色模型是 YCrCb。YCrCb 颜色空间的一个重要特性是亮度信号 Y 和色差信号 Cr、Cb 是分离的。如果只有 Y 分量没有 Cr、Cb 分量，这样表示的图像就是灰度图像。白光的亮度 Y 和红、绿、蓝三色光的关系是 $Y=0.299R+0.587G+0.114B$，而色差 Cr 和 Cb 分别由 R-Y 和 B-Y 按照不同比例压缩得到。

将 RGB 颜色转换为 YCrCb 颜色：

$$\begin{cases} Y = 0.299R + 0.587G + 0.114B \\ C_r = 0.713(R-Y) + \delta \\ C_b = 0.564(B-Y) + \delta \end{cases} \tag{4-4}$$

将 YCrCb 颜色转换为 RGB 颜色：

$$\begin{cases} R = Y + 1.403(C_r - \delta) \\ G = Y - 0.344(C_r - \delta) - 0.714(C_b - \delta) \\ B = Y + 1.773(C_b - \delta) \end{cases} \tag{4-5}$$

其中，对于 8 位图像，$\delta = 128$；对于 16 位图像，$\delta = 32768$；对应浮点数图像，$\delta = 0.5$。

（四）RGB 颜色与 HSV 颜色的转换

HSV 颜色模型使用色相 H、饱和度 S 和色明度 V 表示的是一种颜色。其中色相 H 是一个角度，从 0 度到 360 度变化，红色对应 0 度，绿色对应 120 度，蓝色对应 240 度。饱和度 S 表示颜色的纯度，从 0 到 1 变化，纯色对应 1，灰度颜色对应 0，掺入黑色则会降低颜色纯度。色明度 V 表示颜色的明亮程度，从 0 到 1 变化，最亮的颜色对应 1，黑色对应 0，掺入白色会增加颜色的明亮程度。

1. RGB 颜色转换为 HSV 颜色

假定 RGB 图像和 HSV 图像都是浮点数图像，各分量值从 0 到 1 变化。

$$V_0 = \min(R,G,B), V_1 = \max(R,G,B)$$
$$V = V_1$$
$$S = \begin{cases} (V - V_0)/V & V \neq 0 \\ 0 & V = 0 \end{cases}$$
$$H = \begin{cases} (1/6)(G-B)/S & V = R \\ 2/6 + (1/6)(B-R)/S & V = G \\ 4/6 + (1/6)(R-G)/S & V = B \end{cases}$$
$$H = \mathrm{fract}(H+1)$$

（4-6）

2. HSV 颜色转换为 RGB 颜色

假定 RGB 图像和 HSV 图像都是浮点数图像，各分量值从 0 到 1 变化。若 $V=0$，则 $R=G=B=O$；否则，令 $V_1=V$，$V_0=(1-S)V$，考虑到 H 的取值情况。

当 $0 \leq H < 1/6$ 时，$R=V_1$，$B=V_0$，$G=V_0+6HS$。

当 $1/6 \leq H < 2/6$ 时，$G=V_1$，$B=V_0$，$R=V_0-(6H-2)S$。

当 $2/6 \leq H < 3/6$ 时，$G=V_1$，$R=V_0$，$B=V_0+(6H-2)S$。

当 $3/6 \leq H < 4/6$ 时，$B=V_1$，$R=V_0$，$G=V_0-(6H-4)S$。

当 $4/6 \leq H < 5/6$ 时，$B=V_1$，$G=V_0$，$R=V_0+(6H-4)S$。

当 $5/6 \leq H < 1$ 时，$R=V_1$，$G=V_0$，$B=V_0-6HS$。

（五）RGB 颜色转换为 HLS 颜色

HLS 颜色模型使用色相 H、亮度 L 和饱和度 S 表示一种颜色。其中色相 H 表示一个角度，从 0 度到 360 度变化，红色对应 0 度，绿色对应 120 度，蓝色对应 240 度。亮度 L 表示颜色的明亮程度，从 0 到 1 变化，白色对应 1，黑色对应

0，纯色对应 0.5。饱和度 S 表示颜色的纯度，从 0 到 1 变化，纯色对应 1，灰度颜色对应 0。

1. RGB 颜色转换为 HLS 颜色

假定 RGB 图像和 HLS 图像是浮点数图像，各分量值从 0 到 1 变化。

$$V_0 = \min(R,G,B), V_1 = \max(R,G,B)$$
$$L = (V_1 + V_0)/2$$
$$S = \begin{cases} (V_1 - V_0)/(2L) & L < 0.5 \\ (V_1 - V_0)/(2 - 2L) & L \geqslant 0.5 \end{cases} \quad (4\text{-}7)$$
$$H = \begin{cases} (1/6)(G-B)/S & V_1 = R \\ 2/6 + (1/6)(B-R)/S & V_1 = G \\ 4/6 + (1/6)(R-G)/S & V_1 = B \end{cases}$$

2. HLS 颜色转换为 RGB 颜色

假定 RGB 图像和 HLS 图像都是浮点数图像，各分量值从 0 到 1 变化。

当 $L=0$ 或 $L=1$ 时，$R=G=B=L$。

当 $0 < L < 1$ 时，若 $L < 0.5$，则令 $V_1 = (S+1)L, V_0 = 2L - V_1$，否则，令 $V_1 = L + S - LS$，$V_0 = 2L - V_1$，考虑到 H 的取值情况。

当 $0 \leq H < 1/6$ 时，$R=V_1$，$B=V_0$，$G=V_0+6HS$。

当 $1/6 \leq H < 2/6$ 时，$G=V_1$，$B=V_0$，$R=V_0-(6H\text{-}2)S$。

当 $2/6 \leq H < 3/6$ 时，$G=V_1$，$R=V_0$，$B=V_0+(6H\text{-}2)S$。

当 $3/6 \leq H < 4/6$ 时，$B=V_1$，$R=V_0$，$G=V_0-(6H\text{-}4)S$。

当 $4/6 \leq H < 5/6$ 时，$B=V_1$，$G=V_0$，$R=V_0+(6H\text{-}4)S$。

当 $5/6 \leq H < 1$ 时，$R=V_1$，$G=V_0$，$B=V_0\text{-}6HS$。

第二节　仿射变换

一、关于插值方法

通常在图像进行旋转和缩放等变换以后，很难保证结果像素和源像素一一对应，从而结果像素的亮度很难直接使用源像素的亮度。必须采用某种方法根据源像素的亮度计算出结果像素的亮度。最常用的方法是最近邻插值和双线性插值。

（一）最近邻插值

假设需要的计算结果像素 (x',y') 的亮度。

使用逆变换获得位置 (x',y') ，这里的 (x',y') 不一定是一个源像素。

令 $x_0 = \text{int}(x)$ ， $y_0 = \text{int}(y)$ ， $x_1 = x_0 + 1$ ， $y_1 = y_0 + 1$ 。显然， (x_0,y_0) ， (x_0,y_1) ， (x_1,y_0) ， (x_1,y_1) 是源像素。

在 (x_0,y_0) ， (x_0,y_1) ， (x_1,y_0) ， (x_1,y_1) 中选取一个距离 (x,y) 最近的位置 (u,v) 将 (x,y) 处的亮度 f 作为结果像素 (x',y') 的亮度，如图 4-1 所示。

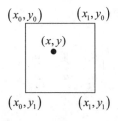

图 4-1　最近邻插值

（二）双线性插值

假设需要计算结果像素 (x',y') 的亮度。线性插值方法的前两个步骤与最近邻插值方法完全相同。

设 (x_0, y_0)，(x_0, y_1)，(x_1, y_0)，(x_1, y_1) 处的亮度分别是 $f_{00}, f_{01}, f_{00}, f_{11}$。

用 $f_0 = \dfrac{f_{01} - f_{00}}{y_1 - y_0}(y - y_0) + f_{00}$ 计算 (x_0, y) 处的亮度 f_0。

用 $f_1 = \dfrac{f_{11} - f_{10}}{y_1 - y_0}(y - y_0) + f_{10}$ 计算 (x_1, y) 处的亮度 f_1。

用 $f = \dfrac{f_1 - f_0}{x_1 - x_0}(x - x_0) + f_0$ 计算 (x, y) 处的亮度 f。

将 (x, y) 处的亮度 f 作为结果像素 (x', y') 的亮度，如图 4-2 所示。

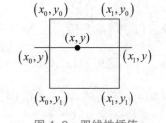

图 4-2 双线性插值

二、变换方程

（一）变换矩阵

为了节省存储空间，使用矩阵

$$\begin{pmatrix} a_{11} & a_{12} & a_{13} \\ a_{21} & a_{22} & a_{23} \end{pmatrix}$$

代替变换矩阵。

$$\begin{pmatrix} a_{11} & a_{12} & a_{13} \\ a_{21} & a_{22} & a_{23} \\ 0 & 0 & 1 \end{pmatrix}$$

（二）正变换

$$\begin{pmatrix} x^{'} \\ y^{'} \\ 1 \end{pmatrix} = \begin{pmatrix} a_{11} & a_{12} & a_{13} \\ a_{21} & a_{22} & a_{23} \\ 0 & 0 & 1 \end{pmatrix}\begin{pmatrix} x \\ y \\ 1 \end{pmatrix} \Rightarrow \begin{cases} x^{'} = a_{11}x + a_{12}y + a_{13} \\ y^{'} = a_{21}x + a_{22}y + a_{23} \end{cases} \quad （4\text{-}8）$$

（三）逆变换

$$\begin{pmatrix} x^{'} \\ y^{'} \\ 1 \end{pmatrix} = \begin{pmatrix} a_{11} & a_{12} & a_{13} \\ a_{21} & a_{22} & a_{23} \\ 0 & 0 & 1 \end{pmatrix}^{-1}\begin{pmatrix} x \\ y \\ 1 \end{pmatrix} \quad （4\text{-}9）$$

第三节　傅里叶变换

一、一维离散傅里叶变换

在连续信号的分析中，傅里叶变换为人们深入理解和分析各种信号的特性提供了一种强有力的手段。为了进行定量数值的处理，可以通过采样使原来连续变化的信号变成离散的信号。由采样定理可以知道，当采样满足一定条件时，可以由有限的采样精确地恢复原连续信号，由此可以保证信号在连续域和离散域的等价性。现在的问题是，对于离散信号，是否也有对应的离散数值变换，它既能反映信号的特性，又只需有限的样本，以利于使用计算机、DSP 等进行数值分析呢？答案是肯定的。其中最基本的一种方法是离散傅里叶变换（Discrete Fourier Transform，DFT）。

我们先看一下一维离散傅里叶变换：设 $\{f(k) \mid k = 0, \cdots, N - 1\}$ 为一维信号的 N 个采样，其离散傅里叶变换及其逆变换分别为

$$F(u) = \sum_{k=0}^{N-1} f(k)\mathrm{e}^{-\mathrm{j}2\pi uk/N} \qquad k,u = 0,1,\cdots,N-1$$

$$f(k) = \frac{1}{N}\sum_{u=0}^{N-1} F(u)\mathrm{e}^{\mathrm{j}2\pi uk/N} \qquad k,u = 0,1,\cdots,N-1 \qquad (4\text{-}10)$$

然后我们再讨论离散傅里叶变换与连续傅里叶变换之间的关系。为了方便讨论，再来简单回顾一下广义函数——单位脉冲 δ 函数及其有关的性质。

（一）δ 函数及其性质

函数的定义为

$$\delta(t) = \begin{cases} 0, & t \neq 0 \\ \infty, & t = 0 \end{cases} \text{和} \int_{-\infty}^{\infty}\delta(t)\mathrm{d}t = 1 \qquad (4\text{-}11)$$

δ 函数主要具有下列性质。

1. 筛选性质

$$\int_{-\infty}^{\infty} h(t)\delta(t-t_0)\mathrm{d}t = h(t_0) \qquad (4\text{-}12)$$

其中，$h(t)$ 是在 t_0 处连续的任意函数。

2. 尺度变化性质

$$\delta(at) = \frac{1}{|a|}\cdot\delta(t) \text{（a 为任意不为 0 的常数）} \qquad (4\text{-}13)$$

3. 采样性质

如果 $h(t)$ 在 $t=T$ 处是连续的，则 $h(t)$ 在时间 T 处的一个样本 $\hat{h}(t)$ 可表示为

$$\hat{h}(t) = h(t)\delta(t-T) = h(T)\delta(t-T) \qquad (4\text{-}14)$$

这里的乘积必须在广义函数论意义下来解释，T 时刻产生的脉冲（样本），其幅度等于时刻 T 的函数值。如果 $h(t)$ 在 $t=nT(n=0,\pm1,\pm2,\cdots)$ 处是连续的，则称

$$\hat{h}(t) = h(t) \sum_{n=-\infty}^{\infty} \delta(t-nT) = \sum_{n=-\infty}^{\infty} h(nT)\delta(t-nT) \qquad (4\text{-}15)$$

$h(t)$ 的采样间隔为 T 的采样波形。于是，$h(t)$ 的采样波形是等间距脉冲的一个无限序列，每一个脉冲的幅度就等于 $h(t)$ 在脉冲出现时刻的值。

4. 卷积性质

$$\delta(t-t_1) * \delta(t-t_2) = \delta\big[t-(t_1+t_2)\big] \qquad (4\text{-}16)$$

5. δ 函数的傅里叶变换为常数 1

$$\delta(t) \Leftrightarrow 1$$

6. δ 函数序列的傅里叶变换也是一个 δ 函数序列

$$\sum_{n=-\infty}^{\infty} \delta(t-nT) \Leftrightarrow \frac{1}{T} \sum_{n=-\infty}^{\infty} \delta\left(f-\frac{n}{T}\right) \qquad (4\text{-}17)$$

（二）频率域采样定理

类似时间域采样，也存在着频率域中的采样定理，如果函数 $h(t)$ 的持续时间有限，即当 $|t| > T_c$ 时 $h(t) = 0$，则其傅里叶变换 $H(f)$ 能由其等间隔的频域样本唯一确定：

$$H(f) = \sum_{n=-\infty}^{\infty} H\left(\frac{n}{2T_c}\right) \frac{\sin\left[2\pi T_c\left(f-\frac{n}{2T_c}\right)\right]}{2\pi T_c\left(f-\frac{n}{2T_c}\right)} \qquad (4\text{-}18)$$

（三）一维 DFT 的推演

下面我们结合图 4-3 来说明离散傅里叶变换定义式的推演，图 4-3 中左边部分为时域信号，右边部分为对应的傅里叶频谱。

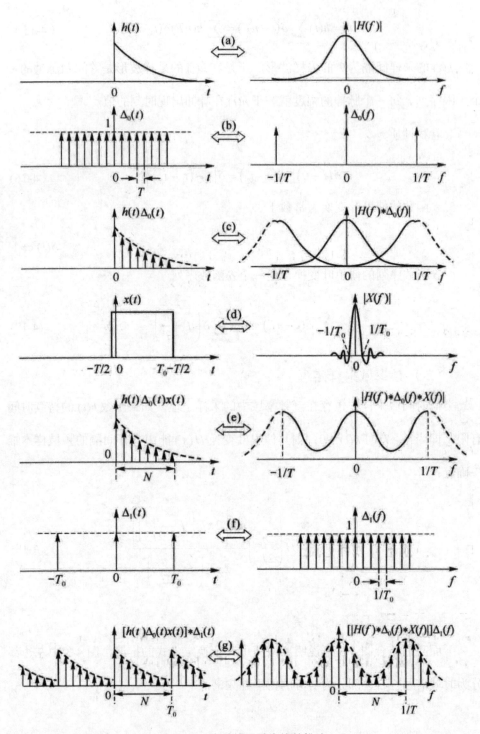

图 4-3　离散傅里叶变换的推演

图 4-3 中（a）是一个理想连续函数的傅里叶变换对，将这个变换离散化，首先要对 $h(t)$ 采样，用于采样的时域脉冲序列函数为 $\Delta_0(t)$，采样间隔为 T，见图 4-3（b）左边，采样后的函数见图 4-3（c）左边，采样的结果为

$$h(t)\Delta_0(t) = \sum_{k=-\infty}^{\infty} h(kT)\delta(t-kT) \tag{4-19}$$

注意图 4-3（c）右边因 T 的选择所造成的频域混叠效应。实际中只允许考虑时间有限的时域信号，所以用图 4-3（d）所示的宽度为 T_0 矩形时间窗截断采样后的函数。矩形窗函数为

$$x(t) = \begin{cases} 1, & -T/2 < t < T_0 - T/2 \\ 0, & \text{其他} \end{cases} \tag{4-20}$$

其中，截断函数的持续时间。它使得 T_0 内正好有 N 个样本，$N = T_0 / T$。由截断可以得到

$$h(t)\Delta_0(t)x(t) = \sum_{k=0}^{N-1} h(kT)\delta(t-kT) \tag{4-21}$$

图 4-3 中（e）表示截断后呈现的波形及其傅里叶变换。由卷积定理可知，时域上的截断引起频率域的"皱波"效应。

最后对公式的傅里叶变换频谱进行采样，等效于截断后的采样波形与图 4-3（f）中的时间函数 $\Delta_1(t)$ 作卷积，卷积结果如图（g）左边所示。函数 $\Delta_1(t)$ 为

$$\Delta_1(t) = T_0 \sum_{r=-\infty}^{\infty} \delta(t-rT_0) \tag{4-22}$$

于是，图 4-3（g）中左边的周期为 T_0 的周期函数可以写成

$$\tilde{h}(t) = \left(h(t)\Delta_0(t)x(t)\right) * \Delta_1(t) = T_0 \sum_{r=-\infty}^{\infty} \sum_{k=0}^{N-1} h(kT)\delta(t-kT-rT_0) \tag{4-23}$$

图 4-3（g）右边为 $\tilde{h}(t)$ 的傅里叶变换。由于离散周期函数的傅里叶变换仍为

离散周期函数，于是可以推导周期函数 $\tilde{h}(t)$ 的傅里叶变换，它应是个等间隔的脉冲序列：

$$\tilde{H}(f) = \sum_{n=-\infty}^{\infty} a_n \cdot \delta(f - nf_0) \tag{4-24}$$

其中，$f_0 = 1/T_0$，$n = 0, \pm 1, \pm 2, \cdots$

$$
\begin{aligned}
a_n &= \frac{1}{T_0} \int_{-\frac{T}{2}}^{T_0 - \frac{T}{2}} \tilde{h}(t) \mathrm{e}^{-\mathrm{j}2\pi nt/T_0} \mathrm{d}t \\
&= \frac{1}{T_0} \int_{-\frac{T}{2}}^{T_0 - \frac{T}{2}} T_0 \sum_{r=-\infty}^{\infty} \sum_{k=0}^{N-1} h(kT) \delta(t - kT - rT_0) \mathrm{e}^{-\mathrm{j}2\pi nt/T_0} \mathrm{d}t
\end{aligned}
\tag{4-25}
$$

考虑到积分只对一个周期进行，即取 $r = 0$，因此

$$
\begin{aligned}
a_n &= \int_{-\frac{T}{2}}^{T_0 - \frac{T}{2}} \sum_{k=0}^{N-1} h(kT) \delta(t - kT) \mathrm{e}^{-\mathrm{j}2\pi nt/T_0} \mathrm{d}t \\
&= \sum_{k=0}^{N-1} h(kT) \int_{-\frac{T}{2}}^{T_0 - \frac{T}{2}} \delta(t - kT) \mathrm{e}^{-\mathrm{j}2\pi nt/T_0} \mathrm{d}t \\
&= \sum_{k=0}^{N-1} h(kT) \mathrm{e}^{-\mathrm{j}2\pi nkT/T_0}
\end{aligned}
\tag{4-26}
$$

由于 $T_0 = NT$，式 (4-26) 又可写为

$$a_n = \sum_{k=0}^{N-1} h(kT) \mathrm{e}^{-\mathrm{j}2\pi nk/N}, \quad n = 0, \pm 1, \pm 2, \cdots \tag{4-27}$$

将此式带入，$\tilde{h}(t)$ 的傅里叶可以变换为

$$\tilde{H}(f) = \sum_{n=-\infty}^{\infty} \sum_{k=0}^{N-1} h(kT) \mathrm{e}^{-\mathrm{j}2\pi nk/N} \delta(f - nf_0) \tag{4-28}$$

由此可以发现，上述公式中只能计算出 N 个独立的值。因此，$\tilde{H}(f)$ 是以 N 个样本点为周期的，用 $\tilde{H}\left(\dfrac{n}{NT}\right)$ 来记这 N 个独立的值，即 a_n 的一个周期，前 N 个独立值：

$$\tilde{H}\left(\frac{n}{NT}\right)=\sum_{k=0}^{N-1}h(kT)\mathrm{e}^{-\mathrm{j}2\pi nk/N}, \quad n=0,1,\cdots,N-1 \tag{4-29}$$

注意到符号 $\tilde{H}(n/NT)$ 表示该离散傅里叶变换是连续傅里叶变换的一个近似，故对一般周期函数可将上述公式写为

$$G\left(\frac{n}{NT}\right)=\sum_{k=0}^{N-1}g(kT)\mathrm{e}^{-\mathrm{j}2\pi nk/N}, \quad n=0,1,\cdots,N-1 \tag{4-30}$$

离散傅里叶逆变换由下式给出，即

$$g(kT)=\frac{1}{N}\sum_{n=0}^{N-1}G\left(\frac{n}{NT}\right)\mathrm{e}^{\mathrm{j}2\pi nk/N}, \quad k=0,1,\cdots,N-1 \tag{4-31}$$

将上述公式代入，利用下列正交关系即可证明下列式互成变换对：

$$\sum_{k=0}^{N-1}\mathrm{e}^{\mathrm{j}2\pi rk/N}\mathrm{e}^{-\mathrm{j}2mk/N}=\begin{cases}N, & r=n\\0, & \text{其他}\end{cases} \tag{4-32}$$

离散傅里叶逆变换公式具有周期性，其周期由 $g(kT)$ 的 N 个样本组成。

从以上的推导中可以看到，变换对要求在时域和频域两方面的函数都是周期性的。当把时间采样坐标 KT 直接改写为离散变量 k，频域采样坐标 n/NT 直接记为 u，就得到一般离散傅里叶变换（DFT）的形式：

$$F(u)=\sum_{k=0}^{N-1}f(k)\mathrm{e}^{-\mathrm{j}2\pi uk/N}, \quad u,\ k=0,1,\cdots,N-1 \tag{4-33}$$
$$f(k)=\frac{1}{N}\sum_{u=0}^{N-1}F(u)\mathrm{e}^{\mathrm{j}2\pi uk/N}, \quad k,\ u=0,1,\cdots,N-1$$

总之，离散傅里叶变换是连续傅里叶变换的一个近似，而近似的准确度是和被分析函数波形有关的。傅里叶变换对的时域函数是一个周期函数，周期由采样截断后的原函数的 N 个样点决定。变换对的频域函数也是一个周期函数，周期也由 N 点决定，但它们的值和原来的频率函数不同，误差是由混叠效应和时域截断所造成的。减小采样间隔 N，可把混叠产生的误差减少到可以接受的程度。

换句话说，只要处理得当，就可以用离散傅里叶变换得到本质上和连续傅里叶变换等价的结果。

（四）离散卷积和相关

在离散信号的情况下，可参照连续函数卷积的方法来定义离散卷积，将连续卷积的积分运算转化为离散卷积的求和运算。设 $x(n)$ 是长度为 P 的序列，$h(n)$ 是长度为 Q 的序列，为计算这两个序列的卷积，必须分别将这两个序列扩展为长度为 N、周期为 N 的序列 $x'(n)$ 和 $h'(n)$，使得 $N=P+Q-1$，则扩展方式如下：

$$x'(n) = \begin{cases} x(n), & 0 \leqslant n \leqslant P-1 \\ 0, & P-1 < n \leqslant N-1 \end{cases}$$

$$h'(n) = \begin{cases} h(n), & 0 \leqslant n \leqslant Q-1 \\ 0, & Q-1 < n \leqslant N-1 \end{cases} \tag{4-34}$$

定义 $y'(n)$ 为 $x'(n)$ 和 $h'(n)$ 离散卷积：

$$y'(n) = x'(n) * h'(n) =' (k)h'(n-k) \tag{4-35}$$

显然，$y'(n)$ 的长度为 N，也是一个周期为 N 的函数。在实际中，往往为了方便起见，可直接用下式定义 $x(n)$ 和 $h(n)$ 的离散卷积 $y(n)$：

$$y(n) = x(n) * h(n) = \sum_{k=0}^{N-1} x(k)h(n-k) \tag{4-36}$$

在这里，$x(n)$、$h(n)$ 两个序列实际上可能分别是两个连续函数的采样值，其序列的长度是样本的点数。而且，$x(n)$、$h(n)$ 并非真的是周期序列，只不过在做离散卷积时为了计算的方便假设它们是无限长周期序列，而真正关注的是其中的一个周期。和离散傅里叶变换类似，离散卷积和连续卷积之间的误差仍然主要取决于时域和频域的采样间隔，只要采样间隔充分小，则离散卷积完全有理由充分逼近相应的连续卷积，离散卷积带来的误差是可以忽略的。

和连续域类似，离散域卷积定理：两卷积信号的频谱等于这两个信号频谱的

乘积，即

$$x(n)*h(n) \Leftrightarrow X(f) \cdot H(f) \qquad (4\text{-}37)$$

相应地，用符号"o"表示相关运算，定义离散相关为

$$z(n) = x(n)oh(n) = \sum_{i=0}^{N-1} x(i)h(n+i) \qquad (4\text{-}38)$$

离散相关定理为两相关信号的频谱等于一信号的频谱和另一信号频谱共轭的乘积，即

$$x(n)oh(n) \Leftrightarrow X(f) \cdot H^*(f) \qquad (4\text{-}39)$$

（五）DFT 的计算

离散傅里叶变换（DFT）在数字信号处理及数字图像处理中应用十分广泛。它建立了离散时域（或空域）与离散频域之间的联系。由上述卷积定理可知，如果信号或图像处理直接在时域或空域上处理，计算量会随着离散采样点数的增加而增加。因此，一般可采用DFT方法，将输入的数字信号首先进行DFT，把时域（空域）中的卷积或相关运算简化为在频域上的相乘处理，然后再进行DFT逆变换，恢复为时域（空域）信号。这样，计算量会大大减少，提高了处理速度。另外，DFT还有一个明显的优点是具有快速算法，即快速傅里叶变换（FFT），使计算量减少到直接进行DFT计算的一小部分。

二、二维离散傅里叶变换

在深入理解一维离散傅里叶变换之后，就不难将其推广到二维情况。

（一）二维 DFT 的定义

设 $\{f(x,y)\,|\,x=0,1,\cdots,M-1;\ y=0,1,\cdots,N-1\}$ 为二维离散信号，其离散傅里叶变换和逆变换分别为

$$F(u,v) = \frac{1}{\sqrt{MN}} \sum_{x=0}^{M-1} \sum_{y=0}^{N-1} f(x,y) e^{-j2\pi\left(\frac{ux}{M} + \frac{vy}{N}\right)}, \quad \begin{aligned} x,u &= 0,1,\cdots,M-1 \\ y,v &= 0,1,\cdots,N-1 \end{aligned} \tag{4-40}$$

$$f(x,y) = \frac{1}{\sqrt{MN}} \sum_{u=0}^{M-1} \sum_{v=0}^{N-1} F(u,v) e^{j2\pi\left(\frac{ux}{M} + \frac{vx}{N}\right)}, \quad \begin{aligned} x,u &= 0,1,\cdots,M-1 \\ y,v &= 0,1,\cdots,N-1 \end{aligned} \tag{4-41}$$

这里为了对称性，将正逆变换公式前的系数取值等同，皆为$1/\sqrt{MN}$。在其他一些定义中，只有逆变换公式前的系数取值$1/\sqrt{MN}$，这两者的实际效果是相同的。

在不少场合，可以假定图像为方阵，即$M=N$，此时 DFT 的变换对可简化为

$$F(u,v) = \frac{1}{N} \sum_{x=0}^{N-1} \sum_{y=0}^{N-1} f(x,y) e^{-\frac{j2\pi(ur+vy)}{N}}, \quad x,y,u,v = 0,1,\cdots,N-1 \tag{4-42}$$

$$f(x,y) = \frac{1}{N} \sum_{u=0}^{N-1} \sum_{v=0}^{N-1} F(u,v) e^{\frac{j2\pi(ux)+(vy)}{N}}, \quad x,y,u,v = 0,1,\cdots,N-1 \tag{4-43}$$

在 DFT 变换对中，被称为离散信号$f(x,y)$的频谱，在一般情况下是复函数，其实部和虚部分别为$R(u,v)$和$I(u,v)$，可以用下式来表达：

$$F(u,v) = |F(u,v)| \exp[j\varphi(u,v)] = R(u,v) + jI(u,v) \tag{4-44}$$

其中，$|F(u,v)|$为其幅度谱，定义为

$$|F(u,v)| = \left[R^2(u,v) + I^2(u,v)\right]^{\frac{1}{2}} \tag{4-45}$$

$\varphi(u,v)$为其相位谱，定义为

$$\varphi(u,v) = \arctan\left[\frac{I(u,v)}{R(u,v)}\right] \tag{4-46}$$

需要强调的是，离散变换一方面是连续变换的一种类似。另一方面，其本身在数学上是严格的变换。在今后进行的信号分析中，就可以简单地直接把数字域上得到的结果作为对连续场合的解释，使两者之间得到统一。

（二）二维 DFT 的性质

在二维 DFT 的情况下，存在和一维变换相同的性质，如线性、位移、尺度、卷积、相关等。

下面介绍的是二维 DFT 情况下特有的性质．

1. 变换的可分离性

由于 DFT 正逆变换的指数项（变换核）可以分解为只含 u、x 和 v、y 的两个指数项的积，因此，二维 DFT 正逆变换运算可以分别分解为两次一维 DFT 运算：

$$F(u,v) = \frac{1}{N}\sum_{x=0}^{N-1}\left\{\sum_{y=0}^{N-1}f(x,y)\mathrm{e}^{-\frac{\mathrm{j}2\pi vy}{N}}\right\}\mathrm{e}^{-\frac{\mathrm{j}2\pi ux}{N}} \tag{4-47}$$

$$f(x,y) = \frac{1}{N}\sum_{u=0}^{N-1}\left\{\sum_{v=0}^{N-1}F(u,v)\mathrm{e}^{\frac{\mathrm{j}2\pi vy}{N}}\right\}\mathrm{e}^{\frac{\mathrm{j}2\pi ux}{N}} \tag{4-48}$$

其中，u，v，x，$y \in \{0,1,\cdots,N-1\}$。这一性质就是二维变换可分离性的含义。

2. 旋转不变性

分别在空间域和频率域引入极坐标，使

$$\begin{cases} x = r\cos\theta \\ y = r\sin\theta \end{cases} \quad \begin{cases} u = w\cos\varphi \\ v = w\sin\varphi \end{cases}$$

$f(x,y)$ 和 $F(u,v)$ 在相应的极坐标中可分别表示为 $f(r,\theta)$ 和 $F(w,\varphi)$。存在以下傅里叶变换对：

$$f(r,\theta+\theta_0) \Leftrightarrow F(w,\varphi+\theta_0)$$

上述的性质表明，若将 $f(x,y)$ 在空间域旋转角度 θ_0，则可以相应地使 $F(u,v)$ 在频域中也将旋转同一角度 θ_0。

（三）二维 DFT 的实现

由于二维 DFT 存在可分离性，因此用两次一维 DFT 就可以实现二维变换：

$$F(u,v) = \mathcal{F}x\{\mathcal{F}y[f(x,y)]\} \text{ 或 } F(u,v) = \mathcal{F}y\{\mathcal{F}x[f(x,y)]\} \tag{4-49}$$

其中，$\mathcal{F}x$（或 $\mathcal{F}y$）表示对变量 x（或 y）进行傅里叶变换。在具体实现中，x、y 分别与行、列坐标相对应，即

$$F(u,v) = \mathcal{F}_{行}\left\{\mathcal{F}_{列}[f(x,y)]\right\} \tag{4-50}$$

上述公式则表示先对图像矩阵的各列作行一维 DFT，然后再对变换结果的各行作列的一维 DFT。这种流程的缺点是在计算变换时要改变下标，于是就不能用同一个（一维）变换程序。解决这一问题可以采用下面的计算流程：

$$
\begin{aligned}
f(x,y) &\rightarrow \mathcal{F}_{列}[f(x,y)] = F(u,y) \xrightarrow{\text{转置}} F(u,y)^T \\
&\rightarrow \mathcal{F}_{列}\left[F(u,y)^T\right] = F(u,v)^T \xrightarrow{\text{转置}} F(u,v)
\end{aligned}
\tag{4-51}
$$

二维 DFT 的逆变换流程与之类似，利用 DFT 的共轭性质，只需将输入改为 $F^*(u,v)$，就可以按正变换的流程进行逆变换。

在 DFT 的计算中，如果根据定义直接计算，则共需要 $N^2 \times N^2$ 次复数的乘法。当 N 增大时，这个计算量是非常大的。根据可分离性质，就可以用两次一维快速 DFT（FFT）来降低计算的复杂度。此时，所需的复数乘法次数就为 $N^2 \log_2 N$。

第四节　离散余弦变换

由前面的分析可知，DFT 是复数域的运算，尽管借助 FFT 可以提高运算速度，但还是在实际应用，特别是实时处理中带来了不便。由于实偶函数的傅里叶变换只含实的余弦项，现实世界中的信号都是实信号，因此可在此基础上构造一种方便计算且和傅里叶变换含义一致的实数域的正交变换离散余弦变换（Discrete Cosine Transform，DCT）。通过研究发现，除了具有一般的正交变换性质外，

它的变换矩阵的基向量近似于 Toeplitz 矩阵的特征向量，后者体现了人类的语言、图像信号的相关特性。因此，在对语音、图像信号的正交变换中，DCT 变换被认为是一种仅次于 K-L 变换的准最佳变换。但是 DCT 变换具有确定的变换矩阵，而 K-L 变换矩阵与信号的内容有关，很难实现。在已颁布的一系列图像、视频压缩编码的国际标准中，都把 DCT 作为其中的一个基本处理模块，这足以表明其优良的性能和重要的地位。

DCT 除了上述介绍的几个特点，即实数变换、确定变换矩阵（与变换对象内容无关）、准最佳变换性能外，二维 DCT 还是一种可分离的变换。下面首先从一维 DCT 开始介绍，然后再介绍二维的情况。

一、一维离散余弦变换

（一）从 DFT 到 DCT

DCT 变换的基本思想是将一个实函数对称拓展成一个实偶函数，实偶函数的傅里叶变换也必然是实偶函数。下面以离散一维 DCT 为例加以说明。

给定实信号序列 $\{f(x)|x=0,1,\cdots,N-1\}$，可以将其延拓为偶对称序列（图 4-4）。

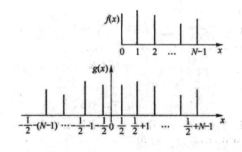

图 4-4 函数的偶延拓

$$g(x) = \begin{cases} f\left(x - \dfrac{1}{2}\right), & x = \dfrac{1}{2}, \dfrac{1}{2} + 1, \cdots, \dfrac{1}{2} + (N-1) \\ f\left(-x + \dfrac{1}{2}\right), & x = -\dfrac{1}{2}, -\dfrac{1}{2} - 1, \cdots, -\dfrac{1}{2} - (N-1) \end{cases} \tag{4-52}$$

于是对 $g(x)$ 求 $2N$ 点的一维 DFT，有

$$
\begin{aligned}
G(u) &= \frac{1}{\sqrt{2N}} \sum_{x=-\frac{1}{2}-(N-1)}^{\frac{1}{2}+(N-1)} g(x) \cdot \mathrm{e}^{-\mathrm{j}2\pi xu/2N} \\
&= \frac{1}{\sqrt{2N}} \sum_{x=-\frac{1}{2}-(N-1)}^{-\frac{1}{2}} g(x) \cdot \mathrm{e}^{-\mathrm{j}\pi xu/N} + \frac{1}{\sqrt{2N}} \sum_{x=\frac{1}{2}}^{\frac{1}{2}+(N-1)} g(x) \cdot \mathrm{e}^{-\mathrm{j}\pi xu/N}
\end{aligned}
\tag{4-53}
$$

令 $y = -x$，代入上式第一项，并以 x 表示，得

$$G(u) = \frac{1}{\sqrt{2N}} \sum_{x=\frac{1}{2}}^{\frac{1}{2}+(N-1)} g(-x) \cdot \mathrm{e}^{\mathrm{j}\pi xu/N} + \frac{1}{\sqrt{2N}} \sum_{x=\frac{1}{2}}^{\frac{1}{2}+(N-1)} g(x) \cdot \mathrm{e}^{-\mathrm{j}\pi xu/N} \tag{4-54}$$

在考虑到 $x=1/2$ 到 $1/2+（N-1）$ 段，$g(x) = g(-x) = f(x-1/2)$，然后利用欧拉定理可得

$$
\begin{aligned}
G(u) &= \frac{1}{\sqrt{2N}} \sum_{x=\frac{1}{2}}^{\frac{1}{2}+(N-1)} f\left(x - \frac{1}{2}\right) \cdot \left(\mathrm{e}^{\mathrm{j}\pi xt/N} + \mathrm{e}^{-\mathrm{j}\pi xu/N}\right) \\
&= \frac{2}{\sqrt{2N}} \sum_{x=\frac{1}{2}}^{\frac{1}{2}+(N-1)} f\left(x - \frac{1}{2}\right) \cdot \cos\frac{\pi ux}{N} \\
&= \sqrt{\frac{2}{N}} \sum_{x=\frac{1}{2}}^{\frac{1}{2}+(N-1)} f\left(x - \frac{1}{2}\right) \cdot \cos\frac{\pi ux}{N}
\end{aligned}
\tag{4-55}
$$

再令 $x - \dfrac{1}{2} = x'$ 并再以 x 表示，可得

$$G(u) = \sqrt{\frac{2}{N}} \sum_{x'=0}^{N-1} f(x') \cdot \cos \frac{\pi\left(x' + \frac{1}{2}\right)u}{N} = \sqrt{\frac{2}{N}} \sum_{x=0}^{N-1} f(x) \cdot \cos \frac{\pi(2x+1)u}{2N} \quad \text{(4-56)}$$

将 N 点 $f(x)$ 偶延拓后形成 $2N$ 点的实偶函数，其中 DFT 也是一个 $2N$ 点的实偶函数，然而实际有效信息只有一半，所以各取时域和频域的一半作为一种新的变换，即离散余弦变换。不要忘记，DCT 的本质仍然是 DFT，$f(x)$ 的 DCT 结果所表现出来的频域特征本质上是和 DFT 所反映的频域特征是相同的。

（二）一维 DCT 定义

按照前述思路，可将一维 DCT 的定义总结如下。

设 $\{f(x) | x = 0, 1, \cdots, N-1\}$ 为实信号序列，离散余弦的正、逆变换分别为

$$F(u) = C(u)\sqrt{\frac{2}{N}} \sum_{x=0}^{N-1} f(x) \cos \frac{(2x+1)u\pi}{2N}, \quad x, u = 0, 1, \cdots, N-1 \quad \text{(4-57)}$$

$$f(x) = \sqrt{\frac{2}{N}} \sum_{n=0}^{N-1} C(u)F(u) \cos \frac{(2x+1)u\pi}{2N}, \quad x, u = 0, 1, \cdots, N-1 \quad \text{(4-58)}$$

其中，

$$C(u) = \begin{cases} 1/\sqrt{2}, & u = 0 \\ 1, & \text{其他} \end{cases}$$

可见一维 DCT 的正逆变换的变换核都是

$$g(u, x) = C(u)\sqrt{\frac{2}{N}} \cos \frac{(2x+1)u\pi}{2N} \quad \text{(4-59)}$$

二、二维离散余弦变换

（一）二维 DCT 定义

将一维 DCT 的定义推广到二维，则二维函数的 DCT 如下。

设 $\{f(x, y) | x, y = 0, 1, \cdots, N-1\}$ 为二维实信号序列，正、反二维 DCT 分别为

$$F(u,v) = \frac{2}{N} C(u)C(v) \sum_{x=0}^{N-1} \sum_{y=0}^{N-1} f(x,y) \cos\frac{(2x+1)u\pi}{2N} \cos\frac{(2y+1)v\pi}{2N} \tag{4-60}$$

$$f(x,y) = \frac{2}{N} \sum_{u=0}^{N-1} \sum_{v=0}^{N-1} C(u)C(v)F(u,v) \cos\frac{(2x+1)u\pi}{2N} \cos\frac{(2y+1)v\pi}{2N} \tag{4-61}$$

其中，$C(u)$、$C(v)$ 的定义同前，x, y, u, $v = 0,1, \cdots, N-1$

二维 DCT 的正逆变换的变换核都是相同，且是可分离的，即

$$\begin{aligned} g(x,y,u,v) &= g_1(x,u)g_2(y,v) \\ &= \sqrt{\frac{2}{N}} C(u) \cos\frac{(2x+1)u\pi}{2N} \cdot \sqrt{\frac{2}{N}} C(v) \cos\frac{(2y+1)v\pi}{2N} \end{aligned} \tag{4-62}$$

根据 DCT 可分离的性质，采用两次一维 DCT 实现图像信号的二维 DCT，其流程与一维 DFT 类似：

$$\begin{aligned} f(x,y) &\rightarrow \mathcal{D}_{列}[f(x,y)] = F(u,y) \xrightarrow{\text{转置}} F(u,y)^{\mathrm{T}} \\ &\rightarrow \mathcal{D}_{行}\left[F(u,y)^{\mathrm{T}}\right] = F(u,v)^{\mathrm{T}} \xrightarrow{\text{转置}} F(u,v) \end{aligned} \tag{4-63}$$

为了解决实时处理所面临的运算复杂性，目前已出现了多种快速 DCT（FDCT），其中一些是由 FFT 的思路发展起来的。

（二）二维 DCT 和 DFT 的频谱差异

最后要注意的是二维 DCT 的频谱分布的特点。由于 DCT 相当于对信号作带有中心偏移的偶函数延拓后进行二维 DFT，因此，其谱域与 DFT 相差一倍。

第五章　智能图像增强

第一节　灰度空间变换

一、灰度空间变换的基本方法

灰度空间变换的基本方法是空域滤波，是一种对各像素灰度值进行演算的变换。

（一）空域滤波的基本原理

假设待变换图像的尺寸为 WXH，坐标原点位于图像左上角像素位置，横轴为 x 轴，纵轴为 y 轴。图像上任意像素的坐标用 (x, y) 表示（ $0 \leqslant x < W$，$0 \leqslant y < H$），像素的灰度值用，$f(x, y)$ 表示，变换后像素的灰度值用 $g(x, y)$ 表示。

图像的空域滤波可以借助一个模板（也称为核、内核）的局部像素域来完成。设当前待处理的像素为 (x, y)，模板一般定义为以像素 (x, y) 为中心的一个 $n_x \times n_y$ 像素域及与之匹配的系数矩阵 C（ n_y 行 n_x 列，n_x 和 n_y 都是奇数）。令 $k_x = \lfloor n_x / 2 \rfloor, k_y = \lfloor n_y / 2 \rfloor$，用 $C(u, v)$ 表示系数矩阵 C 中第 v 行第 u 列的元素 $(-k_x \leqslant u \leqslant k_x, -k_y \leqslant v \leqslant k_y)$，空域滤波一般可以表示为 $g(x, y) \sum\limits_{u=k_x, v}^{k_r} \sum\limits_{-k_y}^{k_y} C(u, v) =$

$f(x+u, y+v)$，是对模板系数与对应像素的乘积求和。

将上式针对图像中所有像素（x, y）进行演算（将模板从图像的左上角依次向右下角移动），可实现对图像的空域滤波。对于图像周围 k_x 或 k_y 像素宽的部分，在读取边界外元素时直接使用边界元素值，在修改元素时不修改边界外元素即可解决。上式是空域滤波的通式，如何决定系数矩阵 C，取决于不同的空间处理。

（二）空域滤波的分类

1. 根据滤波方法的特点分类

根据滤波方法的特点可以将滤波分为线性滤波和非线性滤波。

（1）线性滤波。

线性滤波是对模板系数与对应像素的乘积求和。常用的线性滤波有均值滤波、高斯滤波、Sobel 滤波、Laplace 滤波和方向滤波等。

（2）非线性滤波。

非线性滤波对模板系数与对应像素的乘积进行其他运算，如求最大值、最小值和中值等。常用的非线性滤波包括中值滤波、膨胀滤波和腐蚀滤波等。

2. 根据滤波的目的或功能分类

根据滤波的目的或功能可以将滤波分为平滑滤波和锐化滤波。

（1）平滑滤波。

平滑滤波的目的是模糊和降低噪声，模糊的主要目的是在提取较大目标之前去除太小的细节或将目标内的小间断连接起来。

（2）锐化滤波。

锐化滤波的目的是增强被模糊的细节边缘。

二、线性滤波的实现方法

实际上，线性滤波的通式 $g(x,y) = \sum\limits_{u=k_x,v}^{k_r} \sum\limits_{-k_y}^{k_y} C(u,v)f(x+u,y+v)$ 可以修改

为 $g(x,y) = \sum\limits_{u=0}^{n_x-1} \sum\limits_{v=0}^{n_y-1} C(u,v)f\left(x-k_x+u,y-k_y+v\right)$。

修改后的通式更具有一般性，模板大小可以允许是偶数，并且可以指定 k_x
和 k_y [锚点位置，即当前像素（x，y）在模板中的对应位置，其中，模板的起始
行列号为 0]。这里根据修改后的通式给出线性滤波的实现方法，适用于单通道数
组。其中文件 cvv.h 中的函数 cvvGetRows（）和 cvvGetCols（）分别用于获得二
维数组的行数和列数，cvvGetReal2D（）用于读取数组元素，边界外元素可用边
界元素代替。

第二节 图像平滑处理方法

任何一幅原始的图像，在获取和传输等过程中都会受到各种噪声的干扰，从
而出现图像质量下降、图像模糊、特征湮没等对图像分析不利的情况。

为了抑制噪声、改善图像质量所进行的处理称图像平滑或去噪。它可以在空
间域和频率域中进行。本节介绍空间域的几种平滑法。

一、局部平滑法

局部平滑法（邻域平均法或移动平均法）是一种直接在空间域上进行平滑处
理的技术。假设图像由许多灰度恒定的小块组成，相邻的像素间存在很高的空间
相关性，而噪声则是统计独立的，则可用像素邻域内的各像素的灰度平均值代替

该像素原来的灰度值，实现图像的平滑。

最简单的局部平滑法称为非加权邻域平均，它均等地对待邻域中的每个像素，即由各个像素灰度平均值作为中心像素的输出值。设有一幅 $N \times N$ 图像 $f(x,y)$ 用非加权邻域平均法所得的平滑图像为 $g(x,y)$，则

$$g(x,y) = \frac{1}{M} \sum_{i,j \in s} f(i,j) \qquad （5\text{-}1）$$

式中：x，y =0，1，…，N -1；s 为 (x,y) 的邻域中像素坐标的集合；M 表示集合 s 内像素的总数。常用的邻域为 5- 邻域和 8- 邻域。

设图像中的噪声是随机不相关的加性噪声，在窗口内各点噪声是独立同分布的，经过上述平滑后，信号与噪声的方差比可提高 M 倍。

这种算法简单、处理速度快，但它的主要缺点是在降低噪声的同时使图像产生模糊，特别是在边缘和细节处，而且邻域越大模糊程度越严重。

为克服简单局部平均法的弊病，目前已提出许多保边缘、保细节的局部平滑算法。它们的出发点都集中在如何选择邻域的大小、形状、方向、参加平均的像素数以及邻域各点的权重系数等。下面简要介绍几种算法。

二、超限像素平滑法

对上述算法稍加改进，可导出一种称为超限像素平滑法。它是将 $f(x,y)$ 和 $g(x,y)$ 差的绝对值与选定的阈值进行比较，决定点 (x,y) 的输出值 $g'(x,y)$。$g'(x,y)$ 的表达式为

$$g'(x,y) = \begin{cases} g(x,y), & \text{当} |f(x,y) - g(x,y)| > T \\ f(x,y), & \text{否则} \end{cases} \qquad （5\text{-}2）$$

公式中：$g(x,y)$ 由公式求得；T 为选定的阈值。

这种算法对抑制椒盐噪声是比较有效，对保护仅有微小灰度差的细节及纹理也有效。

三、灰度最相近的 K 个邻点平均法

该算法的出发点：在 $n \times n$ 窗口内，属于同一集合体（类）的像素，它们的灰度值将高度相关。因此，窗口中心像素的灰度值可用窗口内与中心像素灰度最接近的 K 个邻像素的平均灰度来代替。较少的 K 值使噪声方差下降少，但保持细节也较好；而较大的 K 值平滑噪声较好，但会使图像边缘模糊。实验证明，对于 3×3 的窗口，取 $K = 6$ 为宜。

四、梯度倒数加权平滑法

一般情况下，在一个区域内的灰度变化要比在区域之间的像素灰度变化小，相邻像素灰度差的绝对值在边缘处要比区域内部的大。这里，相邻像素灰度差的绝对值称为梯度。在一个 $n \times n$ 窗口内，若把中心像素点与其各邻点之间梯度倒数定义为各相邻像素的权，则在区域内部的相邻像素权大，而在一条边缘近旁和位于区域外的那些相邻像素权小。那么采用加权平均值作为中心像素的输出值可使图像得到平滑，又不使边缘和细节有明显模糊。使平滑后像素的灰度值在原图像的灰度范围内，应采用归一化的梯度倒数作为加权系数。具体算法如下。

设点 (x, y) 的灰度值为 $f(x, y)$。在 3×3 邻域内的像素梯度倒数为

$$g(x, y, i, j) = \frac{1}{|f(x+i, y+j) - f(x, y)|} \tag{5-3}$$

这里 i，$j = -1$，0，1，但 i 和 j 不能同时为 0。若 $f(x+j, y+j) = f(x, y)$，梯度为 0，则定义 $g(x, y, i, j) = 2$。因此 $g(x, y, i, j)$ 的值域为 $[0, 2]$。设归一化的权矩阵为

$$W = \begin{bmatrix} w(x-1,y-1) & w(x-1,y) & w(x-1,y+1) \\ w(x,y-1) & w(x,y) & w(x,y+1) \\ w(x+1,y-1) & w(x+1,y) & w(x+1,y+1) \end{bmatrix} \qquad (5\text{-}4)$$

规定中心像素 $W(x,y) = 1/2$，其余 8 个像素之和为 $1/2$，这样使 W 各元素总和等于 1。于是有

$$w(x+i,y+j) = \frac{1}{2} \cdot \frac{g(x,y;i,j)}{\sum_i \sum_j g(x,y;i,j)} \qquad (5\text{-}5)$$

用矩阵中心点逐一对准图像像素 (x,y)，在矩阵各元素和它所"压上"的图像像素值相乘，再求和，即求内积，就是该像素平滑后的输出 $g(x,y)$。对图像其余各像素作类似处理，就得到一幅输出图像。值得提及的是，在实际处理时，因为图像边框像素的 3×3 邻域会超出像幅，因此无法确定输出结果。为此可以采取边框像素结果强迫置 0 或补充边框外像素的值（如取与边框像素值相同或为 0）进行处理。

五、最大均匀性平滑

为了避免消除噪声时引起边缘模糊，该算法要先找出环绕每像素的灰度最均匀窗口，然后用这窗口的灰度均值代替该像素原来的灰度值。

具体来说，对图像中任一像素 (x,y) 的 5 个有重叠的 3×3 邻域，如图 5-1 所示，用梯度衡量它们灰度变化的大小。把其中灰度变化最小的邻域作为最均匀的窗口，用像素平均灰度代替像素 (x,y) 的灰度值。这算法经多次迭代可增强平滑的效果，在消除图像噪声的同时保持边缘清晰度。该方法的缺点是，会使复杂形状的边界过分平滑且失去细节。

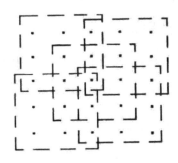

图 5-1 最大均匀平滑法所用的掩模

六、有选择保边缘平滑法

选择保边缘平滑法是对最大均匀平滑法的一种改进。该方法对图像上任一像素 (x,y) 的 5×5 邻域，采用图 5-2 所示的掩模（其中包括一个 3×3 正方形、4 个五边形和 4 个六边形，共 9 个邻域）来计算各个掩模的均值和方差，按方差进行排序，最小方差所对应的掩模的灰度均值就是像素 (x,y) 的输出值。

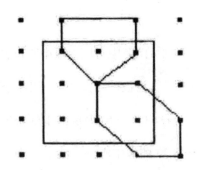

图 5-2 有选择保边缘平滑法对应的掩模

该方法是以方差作为各个邻域灰度均匀性的测度，若区域含有尖锐的边缘，它的灰度方差必定很大；不含边缘或灰度均匀的区域，它的方差就小，那么最小方差所对应的区域就是灰度最均匀区域。因此有选择保边缘平滑法既能够消除噪声，又不破坏邻域边界的细节。另外，五边形和六边形在 (x,y) 处都有锐角，这样，即使像素 (x,y) 位于一个复杂形状邻域的锐角处，也能找到均匀的区域。从而在平滑时既不会使尖锐边缘模糊，又不会破坏边缘形状。

七、空间低通滤波法

空间低通滤波法是指通过应用模板卷积方法对图像每一像素进行局部处理。模板（或掩模）就是一个滤波器，设它的响应为 $H(r,s)$，于是滤波输出的数字图像 $g(x,y)$ 就可以用离散卷积表示

$$g(x,y) = \sum_{r=-k}^{k} \sum_{s=-l}^{l} f(x-r,y-s)H(r,s) \qquad (5\text{-}6)$$

式中：x，$y=0$，1，2，…，$N\text{-}1$；k、l 要根据所选邻域大小来决定。

具体过程如下。

（1）将模板在图像中按从左到右、从上到下的顺序移动，将模板中心与每个像素依次重合（边缘像素除外）。

（2）将模板中的各个系数与其对应的像素一一相乘，并将所有的结果相加（或进行其他四则运算）。

（3）将（2）中的结果赋给图像中对应模板中心位置的像素，如图 5-3 所示。

图 5-3 给出了应用模板进行滤波的示意图。其中，图 5-3（a）是一幅图像的一小部分，共 9 个像素，$p_i(i=0,1,\cdots,8)$ 表示像素的灰度值。图 5-3（b）表示一个 3×3 模板，$k_i(i=0,1,\cdots,8)$ 在图像中漫游，使 k_0 与图 5-3（a）所示的 p_0 像素重合，即可由下式计算输出图像（增强图像）中与 p_0 相对应的像素的灰度值 r。

$$r = \sum_{i=0}^{8} k_i p_i = k_0 p_0 + k_1 p_1 + \cdots + k_8 p_8 \qquad (5\text{-}7)$$

对每个像素进行计算，即可得到增强图像中各像素的灰度值。

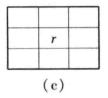

p_4	p_3	p_2
p_5	p_0	p_1
p_6	p_7	p_8

（a）

k_4	k_3	k_2
k_5	k_0	k_1
k_6	k_7	k_8

（b）

（c）

图 5-3　空间域模板滤波示意图

对于空间低通滤波而言，采用的低通滤波器由于模板尺寸小，因此它具有计算量小、使用灵活、适于并行计算等优点。常用的 3×3 低通滤波器（模板）有

$$H_1 = \frac{1}{9}\begin{bmatrix} 1 & 1 & 1 \\ 1 & 1 & 1 \\ 1 & 1 & 1 \end{bmatrix}, \ H_1 = \frac{1}{9}\begin{bmatrix} 1 & 1 & 1 \\ 1 & 1 & 1 \\ 1 & 1 & 1 \end{bmatrix}, \ H_3 = \frac{1}{16}\begin{bmatrix} 1 & 2 & 1 \\ 2 & 4 & 2 \\ 1 & 2 & 1 \end{bmatrix}$$

$$H_4 = \frac{1}{8}\begin{bmatrix} 1 & 1 & 1 \\ 1 & 0 & 1 \\ 1 & 1 & 1 \end{bmatrix}, \ H_5 = \frac{1}{2}\begin{bmatrix} 0 & \frac{1}{4} & 0 \\ \frac{1}{4} & 1 & \frac{1}{4} \\ 0 & \frac{1}{4} & 0 \end{bmatrix}$$

由于模板不同，邻域内各像素重要程度也就不相同。但不管是什么样的模板，都必须保证全部权系数之和为 1，这样就能保证输出图像灰度值在许可范围内，不会产生灰度"溢出"的现象。

八、多幅图像平均法

多幅图像平均法是将获取的同一景物多幅图像相加取平均，以便削弱噪声影响。设理想图像 $f(x,y)$ 所受到的噪声 $n(x,y)$ 为加性噪声，则产生的有噪图像 $g(x,y)$ 可表示成

$$g(x,y) = f(x,y) + n(x,y) \tag{5-8}$$

若图像噪声是互不相关的加性噪声，且均值为 0，则

$$f(x,y) = E[g(x,y)] \tag{5-9}$$

式中：$E[g(x,y)]$ 是 $g(x,y)$ 的期望值。M 幅有噪图像经平均后可得到

$$\hat{f}(x,y) \approx \bar{g}(x,y) = \frac{1}{M} \sum_{i=1}^{M} g_i(x,y) \tag{5-10}$$

其估值误差为

$$\sigma_{\bar{g}}^2 = E\left\{[\hat{f}(x,y) - f(x,y)]^2\right\} = E\left\{\left[\frac{1}{M}\sum_{i=1}^{M} f_i(x,y) - f(x,y)\right]^2\right\}$$

$$= E\left\{\left[\frac{1}{M}\sum_{i=1}^{M} n_i(x,y)\right]^2\right\} = \frac{1}{M}\sigma_{n(x,y)}^2 \tag{5-11}$$

式中：$\sigma^2\frac{2}{g(x,y)}$ 和 $\sigma_{n(x,y)}^2$ 是 $\bar{g}$ 和 n 在点 (x,y) 处的方差。

可见，对 M 幅图像取平均可把噪声方差减少到 $\frac{1}{M}$。当 M 增大时，$\bar{g}(x,y)$

将更加接近 $f(x,y)$。

多幅图像取平均处理常用于摄像机的进图中，以便削弱电视摄像机光导析像管的噪声。

九、中值滤波

中值滤波由 Tukey 首先用于一维信号处理，后来很快被用到二维图像平滑中。

中值滤波是对一个滑动窗口内的诸像素灰度值的排序，用其中值代替窗口中心像素的灰度值的滤波方法，因此它是一种非线性的平滑法，对脉冲干扰及椒盐噪声的抑制效果好，在抑制随机噪声的同时能有效保护边缘少受模糊。但它对点、线等细节较多的图像却不太合适。例如，若一个窗口内各像素的灰度是 5，6，35，10 和 5，它们的灰度中值是 6，中心像素原灰度为 35，滤波后就变成了 6。如果 35 是一个脉冲干扰，中值滤波后将被有效抑制。相反，若 35 是有用的信号，

则滤波后也会受到限制。

图 5-4 是一维中值滤波的几个例子，窗口尺寸 $N=5$。由图可见，离散阶跃信号、斜升信号没有受到影响。离散三角信号的顶部则变平了。对于离散的脉冲信号，当其连续出现的次数小于窗口尺寸的一半时，将被抑制掉，否则将不受影响。由此可见，正确选择窗口尺寸的大小是用好中值滤波器的重要环节。一般很难事先确定最佳的窗口尺寸，需进行从小窗口到大窗口的试验，再从中选取最好的结果。

一维中值滤波的概念很容易推广到二维。一般来说，二维中值滤波器比一维滤波器更能抑制噪声。二维中值滤波器的窗口形状可以有多种，如线状、方形、十字形、圆形、菱形等（图 5-5）。不同形状的窗口产生不同的滤波效果，使用中必须根据图像的内容和不同的要求加以选择。从以往的经验看，方形或圆形窗口适宜于外廓线较长的物体图像，而十字形窗口对有尖顶角状的图像效果好。

使用中值滤波器滤除噪声的方法有多种，十分灵活。其中一种方法是先使用小尺度窗口，后逐渐加大窗口尺寸进行处理；另一种方法是一维滤波器和二维滤波器交替使用。此外还有迭代操作，就是对输入图像重复进行同样的中值滤波，直到输出不再有变化为止。中值滤波具有许多重要特性，总结如下。

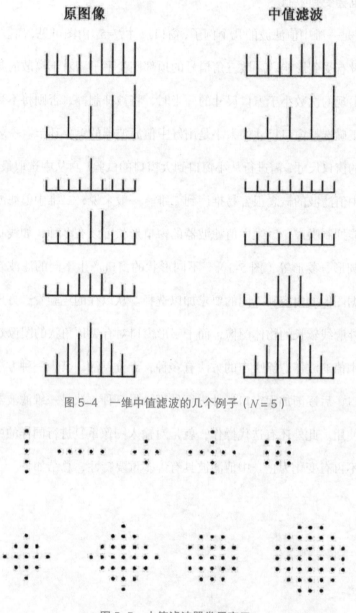

图5-4 一维中值滤波的几个例子（$N=5$）

图5-5 中值滤波器常用窗口

（1）对离散阶跃信号、斜升信号不产生影响，连续个数小于窗口长度一半的离散脉冲将被平滑，三角函数的顶部平坦化。

（2）令C为常数，则

$$\text{Med}\{CF_{jk}\} = C\,\text{Med}\{F_{jk}\} \tag{5-12}$$

$$\text{Med}\{C + F_{jk}\} = C + \text{Med}\{F_{jk}\} \tag{5-13}$$

$$\text{Med}\{F_{jk} + f_{jk}\} \neq \text{Med}\{F_{jk}\} + \text{Med}\{f_{jk}\} \tag{5-14}$$

（3）中值滤波后，信号频谱基本不变。

第三节　图像锐化处理方法

在图像的判读或识别过程中常需要突出边缘和轮廓信息。图像锐化就是增强图像的边缘或轮廓。图像平滑是通过积分过程使得图像边缘模糊，那么图像锐化则是通过微分而使图像边缘更加突出、清晰。

一、梯度锐化法

图像锐化法中最常用的方法就是梯度法。对于图像 $g(x,y)$，在 (x,y) 处的梯度定义为

$$\text{grad}(x,y) = \begin{bmatrix} f'_x \\ f'_y \end{bmatrix} = \begin{bmatrix} \dfrac{\partial f(x,y)}{\partial x} \\ \dfrac{\partial f(x,y)}{\partial y} \end{bmatrix} \tag{5-15}$$

梯度是一个矢量，其大小和方向分别为

$$\text{grad}(x,y) = \sqrt{f'^2_x + f'^2_y} = \sqrt{\left(\frac{\partial f(x,y)}{\partial x}\right)^2 + \left(\frac{\partial f(x,y)}{\partial y}\right)^2} \tag{5-16}$$

$$\theta = \arctan\left(f'_y / f'_x\right) = \arctan\left(\frac{\partial f(x,y)}{\partial y} / \frac{\partial f(x,y)}{\partial x}\right) \tag{5-17}$$

对于离散图像处理而言，会常用到梯度的大小，因此把梯度的大小习惯称为

"梯度"。如不做特别说明，则本书中沿用这一习惯，并且一阶偏导数采用一阶差分近似表示，即

$$f_x' = f(x, y+1) - f(x, y) \qquad (5\text{-}18)$$

$$f_y' = f(x+1, y) - f(x, y) \qquad (5\text{-}19)$$

为简化梯度的计算，经常使用下面的近似表达式：

$$\mathrm{grad}(x, \ y) = \max\left(\left|f_x'\right|, \left|f_y'\right|\right) \qquad (5\text{-}20)$$

或

$$\mathrm{grad}(x, y) = \left|f_x'\right| + \left|f_y'\right| \qquad (5\text{-}21)$$

对于一幅图像中突出的边缘区，梯度值较大；对于平滑区，梯度值较小；对于灰度级为常数的区域，梯度值为零。图 5-6 是一幅二值图像和采用计算的梯度图像。

(a)二值图像　　　(b)梯度图像

图 5-6　梯度图像

除梯度算子以外，还可采用 Roberts、Prewitt 和 Sobel 算子计算梯度来增强边缘。Roberts 对应的模板如图 5-7 所示。差分计算式如下：

$$f_x' = \left|f(x+1, y+1) - f(x, y)\right| \qquad (5\text{-}22)$$

$$f_y' = \left|f(x+1, y) - f(x, y+1)\right| \qquad (5\text{-}23)$$

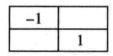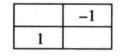

图 5-7　Roberts 梯度算子

为锐化边缘的同时减少噪声的影响，Prewitt 加大边缘增强算子的模板出发，由 2×2 扩大到 3×3 来计算差分，如图 5-8（a）所示。

Sobel 在 Prewitt 算子的基础上，对 5- 邻域采用带权的方法计算差分，对应的模板如图 5-8（b）所示。

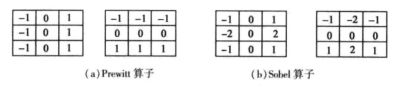

（a）Prewitt 算子　　　　　　（b）Sobel 算子

图 5-8　Prewitt、Sobel 算子

可以计算 Roberts、Prewitt 和 Sobel 梯度。算出梯度后，就要根据不同的需要生成不同的增强图像。

第一种增强图像的方法是使各点 (x, y) 的灰度 $g(x, y)$ 等于梯度，即

$$g(x, y) = \text{grad}(x, y) \tag{5-24}$$

此法的缺点是增强的图像不仅显示灰度变化比较陡的边缘轮廓，而灰度变化比较平缓或均匀的区域则呈黑色。

第二种增强图像的方法是使

$$g(x, y) = \begin{cases} \text{grad}(x, y), & \text{grad}(x, y) \geqslant T \\ f(x, y), & \text{其他} \end{cases} \tag{5-25}$$

式中：T 是一个非负的阈值适当选取 T，可使明显的边缘轮廓得到突出原来灰度变化比较平缓的背景图。

第三种增强图像的方法是使

$$g(x,y)=\begin{cases} L_G, & \text{grad}(x,y)\geqslant T \\ f(x,y), & \text{其他} \end{cases} \qquad (5\text{-}26)$$

式中：L_G 是根据需要指定的一个灰度级，它将明显边缘用固定的灰度级 L_G 来表现。

第四种增强图像的方法是使

$$g(x,y)=\begin{cases} L_G, & \text{grad}(x,y)\geqslant T \\ f(x,y), & \text{其他} \end{cases} \qquad (5\text{-}27)$$

此方法将背景用一个固定的灰度级 L_B 来表现，便于研究边缘灰度的变化。

第五种增强图像的方法是使

$$g(x,y)=\begin{cases} \text{grad}(x,y), & \text{grad}(x,y)\geqslant T \\ L_B, & \text{其他} \end{cases} \qquad (5\text{-}28)$$

这种方法将边缘和背景分别用灰度级 L_G 和 L_B 表示，生成二值图像，便于研究边缘所在位置。

二、Laplacian 增强算子

Laplacian 算子是线性二阶微分算子，其表达式如下：

$$g(x,y)=\begin{cases} L_G, & \text{grad}(x,y)\geqslant T \\ L_B, & \text{其他} \end{cases} \qquad (5\text{-}29)$$

对于离散的数字图像而言，二阶偏导数可用二阶差分近似来表示，由此可推导出 Laplacian 算子表达式为

$$\begin{aligned} \nabla^2 f(x,y) &= f(x+1,y)+f(x-1,y)+f(x,y+1) \\ &\quad +f(x,y-1)-4f(x,y) \end{aligned} \qquad (5\text{-}30)$$

Laplacian 增强算子为

$$\begin{aligned} g(x,y) &= f(x,y)-\nabla^2 f(x,y) \\ &= 5f(x,y)-[f(x+1,y)+f(x-1,y)+f(x,y+1)+f(x,y-1)] \end{aligned} \qquad (5\text{-}31)$$

其特点如下。

（1）由于灰度均匀的区域或斜坡中间 $\nabla^2 f(x, y)$ 为 0，所以 Laplacian 增强算子不起作用。

（2）在边缘点低灰度侧形成"下冲"，在边缘点高灰度侧形成"上冲"。Laplacian 增强算子具有突出边缘的特点。

三、高通滤波法

高通滤波法就是在空间域用高通滤波算子和图像卷积来增强边缘。常用的算子有

$$H_1 = \begin{pmatrix} 0 & -1 & 0 \\ -1 & 5 & -1 \\ 0 & -1 & 0 \end{pmatrix} \quad H_2 = \begin{pmatrix} 1 & -2 & 1 \\ -2 & 5 & -2 \\ 1 & -2 & 1 \end{pmatrix}$$

第四节 频率域增强

图像增强主要包括：①消除噪声，改善图像的视觉效果；②突出边缘，有利于识别和处理。前面是关于图像空间域增强的知识，下面介绍频率域增强的方法。

假定原图像为 $f(x, y)$，经傅里叶变换为 $F(u, v)$，频率域增强就是选择合适的滤波器 $H(u, v)$ 对 $F(u, v)$ 的频谱成分进行调整，然后再经傅里叶逆变换得到增强的图像 $g(x, y)$。

一、频率域平滑

图像的平滑除了在空间域中进行外，也可以在频率域中进行。由于噪声主要集中在高频部分，为了去除噪声，改善图像质量，滤波器采用低通滤波器 $H(u, v)$

来抑制高频部分，然后再进行傅里叶逆变换获得滤波图像，就可达到平滑图像的目的。常用的频率域低通滤波器 $H(u,v)$ 有四种。

（一）理想低通滤波器

假设傅里叶平面上理想低通滤波器离开原点的截止频率为 D_0，则理想低通滤波器的传递函数为

$$H(u,v)=\begin{cases}1, & D(u,v)\leqslant D_0 \\ 0, & D(u,v)>D_0\end{cases} \tag{5-32}$$

式中：$D(u,v)=\sqrt{u^2+v^2}$。D_0 有两种定义：一种是取 $H(u,0)$ 降到 1/2 时对应的频率；另一种是取 $H(u,0)$ 降低到 $1/\sqrt{2}$。这里采用第一种。在理论上，$F(u,v)$ 在 D_0 内的频率分量无损通过；而在 $D>D_0$ 的分量被除掉。然后经傅里叶逆变换得到平滑得的图像。由于高频成分包含有大量的边缘信息，因此采用该滤波器在去噪声的同时将会导致边缘信息损失而使图像边缘模糊，并且产生振铃效应。

（二）Butter Worth 低通滤波器

n 阶 Butter Worth 低通滤波器的传递函数为

$$H(u,v)=\frac{1}{1+\left[\dfrac{D(u,v)}{D_0}\right]^{2n}} \tag{5-33}$$

Butter Worth 低通滤波器传递函数的特性是连续性衰减，不像理想低通滤波器那样陡峭和具备明显的不连续性。因此在采用该滤波器滤波抑制噪声的同时，图像边缘的模糊程度大大减小，且没有振铃效应产生，但计算量大于理想低通滤波法。

（三）指数低通滤波器

指数低通滤波器是图像处理中常用的另一种平滑滤波器。它的传递函数为

$$H(u,v) = \mathrm{e}^{-\left[\frac{D(u,v)}{D_0}\right]^n} \qquad (5\text{-}34)$$

式中：n 决定指数的衰减率。

采用该滤波器滤波抑制噪声时，图像边缘的模糊程度较用 Butter Worth 低通滤波器产生的模糊，无明显的振铃效应。

（四）梯形低通滤波器

梯形低通滤波器是理想低通滤波器和完全平滑滤波器的折中。它的传递函数为

$$H(u,v) = \begin{cases} 1, & D(u,v) < D_1 \\ \dfrac{D(u,v) - D_0}{D_1 - D_0}, & D_1 \leqslant D(u,v) \leqslant D_0 \\ 0, & D(u,v) > D_0 \end{cases} \qquad (5\text{-}35)$$

式中：D_1 分段线性函数的分段点。

二、频率域锐化

图像的边缘、细节主要会在高频部分得到反映，而图像的模糊是由于高频成分比较弱产生的。为了消除模糊、突出边缘，采用高通滤波器让高频成分通过，使低频成分削弱，再经傅里叶逆变换得到边缘锐化的图像。常用的高通滤波器具有如下形式。

（一）理想高通滤波器

二维理想高通滤波器的传递函数为

$$H(u,v) = \begin{cases} 0, & D(u,v) \leqslant D_0 \\ 1, & D(u,v) > D_0 \end{cases} \qquad (5\text{-}36)$$

与理想低通滤波器相反，它把半径为 D_0 的圆内所有频谱成分完全去掉，对圆外无损地通过。

（二）Butter Worth 高通滤波器

n 阶 Butter Worth 高通滤波器的传递函数定义如下：

$$H(u,v) = 1 / \left[1 + \left(D_0 / D(u,v) \right)^{2n} \right] \tag{5-37}$$

（三）指数高通滤波器

指数高通滤波器的传递函数为

$$H(u,v) = e^{-\left[\frac{D_0}{D(u,v)} \right]^n} \tag{5-38}$$

式中：n 控制函数的增长率。

（四）梯形高通滤波器

梯形高通滤波器的定义为

$$H(u,v) = \begin{cases} 0, & D(u,v) < D_0 \\ \dfrac{D(u,v) - D_0}{D_1 - D_0}, & D_0 \leqslant D(u,v) \leqslant D_1 \\ 1, & D(u,v) > D_1 \end{cases} \tag{5-39}$$

四种滤波函数的选用类似于低通滤波器。理想高通滤波器增强的图像有明显的振铃现象，即图像的边缘有抖动现象；Butter Worth 高通滤波效果较好，但计算复杂，其优点是有少量低频通过，$H(u,v)$ 是渐变的，所以振铃现象不明显；指数高通滤波效果比 Butter Worth 差些，振铃现象也不明显；梯形高通滤波会产生微振铃效果，由于计算简单，故较常用。

一般来说，不管在图像空间域还是频率域，采用高频滤波法对图像滤波不但能使图像有用的信息增强，而且也使噪声增强，因此不能随意地使用。

三、同态滤波增强

同态滤波是在一种在频域中同时将图像亮度范围进行压缩和对比度增强的频

域方法。图像 $f(x,y)$ 可以表示为照度分量 $i(x,y)$ 与反射分量 $r(x,y)$ 的乘积。为此采用以下流程对 $f(x,y)$ 进行滤波。

具体步骤如下。

（1）先对两边同时取对数，得

$$\ln f(x,y) = \ln i(x,y) + \ln r(x,y) \tag{5-40}$$

（2）将上式两边进行傅里叶变换

$$F(u,v) = I(u,v) + R(u,v) \tag{5-41}$$

（3）用一个频域函数 $H(u,v)$ 处理 $F(u,v)$，可得到

$$H(u,v)F(u,v) = H(u,v)I(u,v) + H(u,v)R(u,v) \tag{5-42}$$

（4）上式两边傅里叶逆变换到空间域得

$$h_f(x,y) = h_i(x,y) + h_r(x,y) \tag{5-43}$$

可见增强后的图像由对应照度分量与反射分量的两部分叠加而成。

（5）将上式两边进行指数运算，得

$$g(x,y) = \exp\left|h_f(x,y)\right| = \exp\left|h_i(x,y)\right| \cdot \exp\left|h_r(x,y)\right| \tag{5-44}$$

这里，$H(u,v)$ 称作同态滤波函数，它可以分别作用于照度分量和反射分量上。因为一般照度分量在空间域变化缓慢，反射分量在不同物体的交界处是急剧变化的，所以图像对数的傅里叶变换中的低频部分主要对应照度分量，而高频部分主要对应反射分量。以上特性表明，我们可以设计一个对高频和低频分量有不同影响的滤波函数 $H(u,v)$。

第五节　形态学操作

一、什么是形态学操作

形态学操作也是一种非线性处理技术。简单来讲，形态学操作就是基于形状的一系列图像处理操作。通过将结构元素（矩形、椭圆等形状的模板）作用于输入图像来产生的输出图像。最基本的形态学操作有腐蚀与膨胀两种。它们应用广泛，如消除噪声、分割独立的图像元素以及连接相邻的元素、寻找图像中明显的极大值区域和极小值区域。

二、腐蚀与膨胀

（一）膨胀

此操作将图像与任意形状的内核（通常为正方形或圆形）进行卷积。内核有一个可定义的锚点，通常定义为内核中心。进行膨胀操作时，将内核滑过图像，用内核覆盖区域的最大像素值代替锚点位置的像素。显然，这一最大化操作会导致图像的亮区"扩展"。

（二）腐蚀

腐蚀在形态学操作家族里是膨胀操作的孪生姐妹，它提取内核覆盖区域的最小像素值。进行腐蚀操作时，将内核滑过图像，用内核覆盖区域的最小像素值代替锚点位置的像素。显然，这一最小化操作会导致图像的亮区"缩小"。

三、频谱变换

频谱变换的基本方法是频域滤波，这是一种对图像的频谱域进行演算的变换，主要包括低通频域滤波和高通频域滤波。低通频域滤波通常用于滤除噪声，高通频域滤波通常用于提升图像的边缘和轮廓特征。

（一）基本方法

1. 基本公式

进行频域滤波的使用的数学表达式为 $G(u,v) = H(u,v)F(u,v)$。其中，$F(u,v)$ 是原始图像的频谱，$G(u,v)$ 是变换后图像的频谱，$H(u,v)$ 是滤波器的转移函数或传递函数，也称为频谱响应。

2. 基本步骤

对一幅灰度图像进行频域滤波的基本步骤如下，第一，对源图像 $f(x,y)$ 进行傅里叶正变换，得到源图像的频谱 $F(u,v)$。第二，用指定的转移函数 $H(u,v)$ 对进行频域滤波，得到结果图像的频谱 $G(u,v)$。第三，对 $G(u,v)$ 进行傅里叶逆变换，得到结果图像 $g(x,y)$。

（二）低通频域滤波

对低通滤波器来说，$H(u,v)$ 应该对高频成分有衰减作用而又不影响低频分量。常用的低通滤波器有以下几种，它们不仅都是零相移滤波器（频谱响应对实分量和虚分量的衰减相同），而且对频率平面的原点是圆对称的。

1. 理想低通滤波器

理想低通滤波器的转移函数为

$$H(u,v) = \begin{cases} 1 & d(u,v) \geqslant d_0 \\ 0 & d(u,v) < d_0 \end{cases} \qquad （5\text{-}45）$$

式中，非负数 d_0 是截止频率；$d(u,v) = \sqrt{u^2 + v^2}$ 是频率平面的原点到点 (u,v) 的距离。理想低通滤波器过滤了高频成分，高频成分的滤波使图像变模糊，但过滤后的图像往往含有"抖动"或"振铃"现象。

2.Butter Worth 低通滤波器

Butter Worth 低通滤波器又称为最大平坦滤波器，n 阶 Butter Worth 低通滤波器的转移函数为

$$H(u,v) = \frac{1}{1+(\sqrt{2}-1)\left[d(u,v)/d_0\right]^{2n}}$$ （5-46）

式中，非负数次 d_0 是截止频率；$d(u,v) = \sqrt{u^2+v^2}$ 是频率平面的原点到点 (u,v) 的距离，正整数 n 是 Butter Worth 低通滤波器的阶数。与理想低通滤波器相比，Butter Worth 低通滤波器处理的图像模糊程度会大大降低，并且过滤后的图像没有"抖动"或"振铃"现象。

3.指数低通滤波器

指数低通滤波器是图像处理中常用的一种平滑滤波器，n 阶指数低通滤波器的转移函数为

$$H(u,v) = \exp\left\{\ln(1/\sqrt{2})\left[d_0/d(u,v)\right]^n\right\}$$ （5-47）

式中，非负数 d_0 是截止频率；$d(u,v) = \sqrt{u^2+v^2}$ 是频率平面的原点到点 (u,v) 的距离，正整数 n 是指数低通滤波器的阶数。指数低通滤波器的平滑效果与 Butter Worth 低通滤波器大致相同。

（三）高通频域滤波

高通频域滤波是加强高频成分的方法，使高频成分相对突出、低频成分相对抑制，从而实现图像锐化。常用的高通频域滤波器有以下几种。

1.理想高通滤波器

理想高通滤波器的转移函数为

$$H(u,v) = \begin{cases} 1 & d(u,v) \geqslant d_0 \\ 0 & d(u,v) < d_0 \end{cases} \qquad (5\text{-}48)$$

式中，非负数 d_0 是截止频率；$d(u,v) = \sqrt{u^2+v^2}$ 是频率平面的原点到点 (u,v) 的距离。理想高通滤波器只是保留了高频成分。

2.Butter Worth 高通滤波器

n 阶 Butter Worth 高通滤波器的转移函数为

$$H(u,v) = \frac{1}{1+(\sqrt{2}-1)\left[d_0 / d(u,v)\right]^{2n}} \qquad (5\text{-}49)$$

式中，非负数 d_0 是截止频率；$d(u,v) = \sqrt{u^2+v^2}$ 是频率平面的原点到点 (u,v) 的距离；正整数 n 是 Butter Worth 低通滤波器的阶数。与理想高通滤波器相比，经 Butter Worth 高通滤波器处理的图像会更平滑。

3. 指数高通滤波器

n 阶指数高通滤波器的转移函数为

$$H(u,v) = \exp\left\{\ln(1/\sqrt{2})\left[d_0 / d(u,v)\right]^n\right\} \qquad (5\text{-}50)$$

式中，非负数 d_0 是截止频率；$d(u,v) = \sqrt{u^2+v^2}$ 是频率平面的原点到点 (u,v) 的距离；正整数 n 是指数高通滤波器的阶数。指数高通滤波器的锐化效果与 Butter Worth 高通滤波器大致相同。

第六章 智能图像处理技术

第一节 机器学习理论

机器学习是人工智能领域的一个重要研究方法，在人工智能领域具有举足轻重的地位，智能系统一个最基本的能力就是"学习"，否则它就没有资格被称为智能系统。近年来随着机器学习技术的不断发展成熟，使得计算机在解决图像自动分类问题上的应用越来越广泛。通过机器学习的相关算法，构建合适的图像分类器，从而实现对图像的自动分类已经成为图像分类实现的主要技术手段。

一、机器学习概述

机器学习是人工智能的核心技术，通过模拟人类的学习行为，从大量数据中寻找规律并依据规律来判断未知的数据。该方法使得计算机变得更加智能，由此可见机器学习在人工智能中的重要地位。机器学习是研究如何使计算机模拟或实现人类的行为以获取新的知识与技能且不断改善其自身性能的一门交叉学科。机器学习涉及面非常广，与软件工程、统计学、生物学等多个学科都有关联。例如，统计学中有很多数据分析工具，计算机可以利用这些工具来认识数据，进而分析问题，针对问题找到最好的解决方案。

机器学习样本分为训练样本（也称样例）和测试样本，通过已知的训练样本数据来确定函数输出和输入之间的映射关系，并根据此映射关系给出测试样本的输出。这些样本又分为正样本（正例）和负样本（反例）。

（一）机器学习的一般形式

机器学习问题可以用如下的一般形式来描述。假设有服从某未知联合概率密度 $F(x,y)$ 的因变量 y 和自变量 x。给定 n 个服从独立分布的实验样本：$(x_1,y_1),(x_2,y_2),\cdots,(x_n,y_n)$，给定学习函数集 $\{f(x,\omega)\}$，其中参数 ω 是函数集的广义参数，要在该学习函数集中寻找一个求解两个变量之间的关系，使期望风险 $R(\omega)=\int L(y,f(x),\ \omega)\,\mathrm{d}F(x,y)$ 值达到最小的最优函数 $f(x,\omega_0)$。式中，$L(y,f(x,\omega))$ 表示使用 $f(x,\omega)$ 对 y 预测时造成损失的损失函数，由于机器学习主要用于概率密度估计、函数拟合和模式识别问题，因此相应的损失函数如下。

（1）概率密度估计。求出自变量 x 的概率密度函数 $P(x,\omega)$，求解时需要使用到训练样本数据，此时的损失函数为 $L[y,f(x,\omega)]=-\log[p(x,\omega)]$。

（2）函数拟合。对应于单值函数的输出变量 y 是连续数值，此时的损失函数为 $L[y,f(x,\omega)]=[y-f(x,\omega)]^2$。

（3）模式识别。预测函数变成指示函数，此时输出变量 y 代表分类类别。例如，对于分类情况 $y=\{0,1\}$，此时的损失函数定义为

$$L[y,f(x,\omega)]=\begin{cases}0, & \text{if}\quad y=f(x,\omega)\\1, & \text{if}\quad y\neq f(x,\omega)\end{cases} \qquad (6\text{-}1)$$

（二）经验风险最小化

长期以来，经验风险最小化准则占据统治地位，机器学习问题的基本思想就是该准则。通过上面的分析可知，机器学习的目的是尽量使期望风险值达到最小，但要实现这一目的是很困难的，因此传统的机器学习方法是根据经验风险最小化准则，利用大数定理，假设样本数据具有均匀的概率分布，那么它的估计值可由

样本定义的最小化经验风险 $R_{emp}(\omega)$ 得到：

$$R_{emp}(\omega) = \frac{1}{n}\sum_{i=1}^{n}L\big[y_i, f(x_i, \omega)\big] \qquad (6\text{-}2)$$

经验风险分别对应概率密度估计、函数拟合和模式识别问题中训练样本分类的最大似然估计、平方训练误差和错误率。

有一种缺乏可靠的理论依据的方法可以求得广义参数 ω：先将经验风险逼近给定的期望风险 $R(\omega)$，然后对其最小化。这种方法缺乏理论依据的原因有二：一是假如有一个学习算法在样本容量无穷大的情况下求得，没有理论可以保证当样本容量变为有限时，该算法的性能依旧出色；二是根据大数定律，虽然经验风险在样本容量趋于无穷大时概率上趋近于实际风险，却无法保障两者取得最小值时是在同一点。

（三）复杂度和推广能力

对经验风险最小化准则来说，要实现预测误差最小化，通过使训练误差最小化即可实现。然而单一地过于注重经验误差最小化并不是好事，比如在传统神经网络中，因为存在"过学习"的现象，有时预测效果较差，这就是经验风险最小化准则不成功的一个典型例子。同理，单一地过于注重训练误差最小化也并非好事，有时训练误差过小会导致模型的推广能力下降，这是由于"过学习"的问题。归根结底，试图用一个复杂的算法在容量有限的样本上进行拟合，是导致这种问题的真正原因。

在样本容量有限的情况下，机器模型的泛化能力和复杂度之间存在以下三方面的矛盾。

（1）一个具有较强推广力的机器学习算法应该具有一定的复杂度，该复杂度能够和实际问题相对应。不过，机器学习算法的性能受复杂度的影响很大。

（2）采用经验风险最小化准则会使模型的复杂度增加，这就使原本复杂度较高的机器学习算法一般经验风险增大。

（3）经验风险最小化准则并不总能提高机器学习算法的推广性，这是因为算法的性能虽然在某种程度上受到经验风险的影响，却不是决定性的。

如今，统计学理论得到了长足发展，这使得在样本容量有限的情况下，建立有效且具有推广力的学习算法完全成为可能。

二、机器学习方式

人工智能是以机器学习为主导的技术，只有通过机器学习才有望实现计算机的智能化。机器学习的应用较为广泛，其主要目的是通过计算机模拟人类的一些特定行为。最主要的是学习现有的知识，在不断获取新知识的同时自我改善，加强自我适应、学习能力。根据数据类型的不同，对一个问题的建模有不同的方式。

机器学习的算法很多，各个算法之间的联系也非常密切，可以根据算法学习方式的不同来区别机器学习种类繁多的算法。通过划分不同的学习方式，可以在建模和算法选择时缩小选择范围，根据输入数据来选择最合适的算法，从而获得最好的结果。

机器学习方式大体可分为监督式学习、非监督式学习、半监督学习以及强化学习四大类，而具体的学习算法主要用于解决三大类问题：分类、回归以及聚类。解决这些问题的过程也就是人类认识世界的过程。

（一）监督式学习

监督式学习（Supervised Learning）指的是利用一组已知类别的样本训练分类器，对分类器的参数进行调整，使其达到所要求性能的过程。

监督式学习通过已有的训练样本（已知数据及其对应的输出）得到一个最优

模型（这个模型属于某个函数的集合，最优则表示在某个评价准则下是最佳的），再利用这个模型将所有的输入映射为相应的输出，对输出进行简单的判断从而实现分类的目的，也就具有了对未知数据进行分类的能力。

我们在认识事物的过程中，从小就被大人教授这是鸟、那是猪、那是房子，等等。我们所见到的景物就是输入数据，而大人对这些景物的判断结果（是房子还是鸟）就是相应的输出。当我们的见识增多了以后，脑子里就慢慢地得到了一些泛化的模型，这就是训练得到的函数，进而不需要大人在旁边指点也能分辨得出来哪些是房子、哪些是鸟。

监督式学习主要思想是根据具有明确标识的数据来获得一个高准确率的预测模型。其中，准备数据然后获得预测模型的过程称为训练，输入的数据被称为"训练数据"。每组训练数据都有一个明确的标识或结果，如防垃圾邮件系统中的"垃圾邮件""非垃圾邮件"，手写数字识别中的"1""2""3""4"，图像数据库中的"风景""人物""动物"等。

在建立预测模型的时候，监督式学习通过对每一类训练数据进行分析，建立一个学习（也称训练）过程，将预测结果与训练数据的实际结果进行比较，不断调整预测模型，直到模型的预测结果达到一个预期的准确率。监督的意思就是学习需要达到一个目标，否则就要继续学习。这里的目标是指获得一个高准确率的预测模型。其中预测模型的准确率来源于预测结果与训练数据实际的标识之间的比较。学习的过程也就是根据目标不断调整预测模型的过程。

监督式学习的应用范围非常广泛，可以解决常见的分类问题和回归问题。例如，在分类问题中，学习过程是不断调整分类的准则，使其最终满足某种最优的分类要求。训练好分类器也就是得到了一种预测模型，分类器就能够根据该预测模型判定新的样本属于每种类别的可能性，并将新的样本判定为所属的可能性最大的类别。近年来比较流行的监督学习算法有支持向量机（Support Vector Machine，SVM）、决策树（Decision Tree）、K近邻算法、逻辑回归（Logistic Regression）、BP神经网络（Back-Propagation Neural Network）等。其中，支持向量机在解决小样本、非线性以及高维度模式识别中表现出了许多独特的优势，并且泛化能力较强，在实践中得到了广泛的应用。

（二）非监督式学习

非监督式学习（Unsupervised Learning）是另一种被研究得比较多的学习方法，它与监督式学习的不同之处在于它是对没有事先标记的样本集进行学习，挖掘数据集中的内在结构特性，然后根据其内在的结构特征，推出数据之间的联系，自动得到模型。这听起来似乎有点不可思议，但是我们自身在认识世界的过程中很多处都用到了非监督式学习。比如我们去参观一个画展，我们完全对艺术一无所知，但是欣赏完多幅作品之后，我们也能把它们分成不同的派别（如哪些更朦胧一点，哪些更写实一些，即使我们不知道什么叫作朦胧派，什么叫作写实派，但至少我们能把它们分为两个类）。

（三）半监督式学习

监督式学习只利用标记的样本集进行学习，非监督式学习只利用未标记的样本集进行学习。但是在很多实际情况中，常常会出现只有少量数据带有标记，而大多数数据没有标记的情况，并且要对这些没有标记的数据进行标记可能代价较高。例如，在生物学上对某种蛋白质的结构进行分析或者功能鉴定，要花费生物学家很多年的时间，而大量未标记的数据却很容易得到。这就使得能够同时利用标记样本和未标记样本的半监督式学习技术迅速发展起来。

在半监督式学习中由于同时存在标记的样本和未标记的样本，所以可以单独使用有标记样本生成有监督分类算法，也可以单独使用未标记的样本生成无监督聚类算法。然后，使用这两种学习方法互相增强，即在有监督的分类算法中加入无标记的样本来增强有监督的分类效果，并且在无监督的学习算法中加入有标记的样本来增强非监督式学习算法的分类效果。

一般来说，半监督式学习侧重于在有监督的分类算法中加入无标记样本来实现半监督分类。应用场景包括分类和回归，算法包括一些对常用监督式学习算法的延伸，这些算法首先通过对未标识数据进行建模，在此基础上再对标识的数据进行预测。目前常用的半监督式分类算法有自训练算法、生成模型、图论推理算法以及拉普拉斯支持向量机等。

半监督式学习对于数据的噪声干扰是非常敏感的，而现实中用到的数据大多数存在被噪声干扰的情况，难以得到纯样本数据。这也部分导致了自诞生以来，半监督式学习主要用于人工合成数据，只在实验室试用，而难以在某个现实领域得到应用。

（四）强化学习

强化学习来自动物学习以及参数扰动自适应控制等理论，这种学习算法的基本思想是通过判断学习环境对系统的某种行为是强化（鼓励或者信号增强）还是弱化（抑制或者信号减弱）来动态地调整系统参数，最终实现系统总体信号最大的目的。

在强化学习模式下，输入数据作为当前模型的一个反馈输入，用于检查模型的对错，模型对输入数据做出响应，如强化或者弱化。就像一个反馈系统一样，强化学习算法能够自动地根据当前的处理情况来给予输出变量一定的惩罚或者是奖赏。学习过程就是在不断的尝试中慢慢探索出最佳的输入与输出关系。强化学习的常见算法包括时间差分（Temporal-Difference, TD）算法、Q学习（Q-Learning）算法等。

在企业数据应用的场景下，人们最常用的是监督式学习和非监督式学习模型。在图像识别等领域，由于存在大量的非标识的数据和少量的可标识数据，目前半监督式学习是一个很热门的话题。而强化学习常见的应用场景包括动态系统、机器人控制及其他需要进行系统控制的领域。

三、机器学习算法

机器学习算法有很多，根据算法的功能和形式的类似性可以大致分为回归算法、决策树学习、聚类算法、人工神经网络四类。当然，机器学习的范围非常庞大，有些算法很难明确归入某一类。而对于有些分类来说，同一分类的算法可以针对不同类型的问题。在机器学习领域，有种说法叫作"世上没有免费的午餐"，简而言之，它是指没有任何一种算法能在所有问题上都得到最好的效果，这个理论在监督学习方面表现得尤为重要。举个例子来说，你不能说神经网络永远比决策树好，反之亦然。模型运行受许多因素的影响，如数据集的大小和结构。因此，应该根据问题尝试许多不同的算法，同时使用数据测试集来评估性能并选出最优项。

（一）回归算法

回归分析是研究自变量和因变量之间关系的一种预测模型技术，它可以描述出自变量与因变量之间的显著关系，也可以反映多个自变量对因变量的影响。通过对数据进行学习，可以估计出一个回归方程的参数，求回归方程中的回归系数的过程就是回归。然后利用这个模型去预测 / 分析新的数据。例如，可以通过回归去研究超速与交通事故发生次数的关系。

有很多种回归方法可用于预测。这些技术可通过三种方法分类来实现，包括自变量的个数、因变量的类型和回归线的形状，具体如线性回归、逻辑回归、多项式回归、逐步回归、岭回归等。

（二）决策树学习

决策树是一类被广泛应用于数据挖掘的算法，很多领域，如电信、银行、保险、零售、医疗等均需要数据挖掘算法提供决策支持。目前，决策树算法也常常被用来解决分类和回归问题。决策树方法有多种优点：①复杂度较小，速度较快；②抗噪声能力强；③可伸缩性强，既可用于小数据集，也可用于海量数据集。

决策树算法根据数据的属性采用树状结构建立决策模型，决策树的一般组成部分有决策节点、分支和叶子。决策树中最上面的节点称为根节点，这是整个决策树的开始。用样本的属性作为节点，用属性的取值作为分支的树结构。每个分支是一个新的决策节点，或者是叶子节点。每一个决策节点代表一个问题和决策，通常对应于待分类对象的属性。每一个叶节点代表一种可能的分类结果。

决策树概念最早出现在概念学习系统（Concept Learning System，CLS）中，CLS 的工作过程是，首先找出有判别力的属性，把训练集的数据分成多个子集；每个子集又选择有判别力的属性进行划分，一直进行到所有子集仅包含同一类型的数据为止；最后得到一棵决策树（分类模型），可以用它对新的样本进行分类。决策树用于对新样本的分类，即对新样本属性值的测试，从树的根节点开始，按照样本属性的取值，逐渐沿着决策树向下，直到树的叶节点，该叶节点表示的类别就是新样本的类别。

常见的算法包括 C4.5 算法、Decision Stump、随机森林（Random Forest）、多元自适应回归样条（MARS）以及梯度推进机（Gradient Boosting Machine，GBM）等。当前国际上最有影响的决策树算法是 1986 年由 J.R.Quinlan 提出的

ID3 算法。实际上，能正确分类训练集的决策树不止一棵，ID3 算法能得出节点最少的决策树。它是用信息论中的信息增益（互信息）来选择属性作为决策树的节点，对训练实例集进行分类并构建决策树。决策树的根节点是所有样本中信息量最大的属性，树的中间节点是该节点为根的子树所包含的样本子集中信息量最大的属性。决策树的叶节点是样本的类别值。

（三）聚类算法

聚类是一个将数据集划分成若干组或簇的过程，它使得同一类的数据对象之间的相似度较高，而不同类的数据对象之间的相似度较低。聚类问题的关键是把相似的事物聚集在一起。聚类可以定义为：对给定的多维空间的数据点集寻找一种划分，目的是将数据点集划分为多个类或者簇，使同一个类或者簇中的对象具有较高的相似性，而不同类或者簇中的对象具有较大的相异性，即一个类簇内的实体是相似的，不同类簇的实体是不相似的。

聚类算法的研究有很长的历史，如今已经形成了一个很庞大的聚类体系。目前常用的聚类算法包括层次聚类算法，如传统聚合算法、Binary-Positive 算法、RCOSD 算法等，划分式聚类算法，如 K-means 算法、K-modes 算法、K-means-CP 算法、FCM 算法等，以及基于网格和密度的聚类算法和其他聚类算法，如量子聚类、核聚类、谱聚类等。

（四）人工神经网络

人工神经网络（Artificial Neural Network，ANN）算法是 20 世纪 80 年代机器学习界非常流行的算法，不过在 20 世纪 90 年代中期逐渐衰落。现在，借助"深度学习"之势，神经网络重装归来，重新成为最强大的机器学习算法之一。人工神经网络是图像分类识别更有效的一种方法，它从微观上模拟动物大脑皮层的感知和思维功能以及行为特征，进行分布式并行信息处理。通过学习过程从外部环境中获取知识，内部神经元可存储所获取的知识。

人工神经网络是机器学习的一个庞大的分支，有几百种不同的算法。深度学习就是其中的一类算法。人工神经网络算法分为前馈神经网络（如 BP 神经网络、支持向量机）、递归神经网络（如 LSTM 和 GRU）等。

人工神经网络为优化设计、模式识别、自动控制、机器人、图像处理、信号处理以及人工智能等领域研究不确定性、非线性问题以及提高智能化水平提供了一条重要途径。人工神经网络图像识别技术已经发展了较长时间，具有识别速度快、分类能力强、识别率高、容错能力强、并行处理能力好、自学能力强等优点。

人工神经网络识别的基本思路：首先建立样本集（包括训练样本集和测试样本集），然后用神经网络算法训练样本集，神经网络通过不断调节网络不同层之间神经元连接上的权值使训练误差逐步减小，最后完成网络训练学习过程，即建立数学模型。将建立的数学模型应用在测试样本上进行预测或分类，训练好的网络对测试样本的实际输出为最终的识别信息。

第二节　人工神经网络

人工神经网络由大量基本处理单元（神经元，Neurons）广泛互连而成，每个神经元的结构和功能都比较简单，但由其组成的系统却十分复杂。神经元具有非线性映射的能力，它们之间通过权系数相连接。神经网络是从输入空间到输出空间的一个非线性映射的动态系统，通过调整权系数来学习或发现变量间的关系。这种大规模的并行结构具备很高的计算速度。在这种多层网络结构中，信息被分布并存储于连接的权系数中，使网络具有很高的健壮性与容错性，能实现丰富多彩的结果，可解决复杂的非线性问题。

一、人工神经元

人工神经网络的基本单元是人工神经元，它参考了生物神经元。轴突末梢跟其他神经元的树突产生连接，从而传递信号。这个连接的位置在生物学上称为"突触"。

神经元模型包括三个要素。

（1）一组突触或连接。常用 w_{ij} 表示神经元 i 和神经元 j 之间的连接强度，称为权值。$w_{ij} > 0$ 表示 x_j 对神经元 i 有激励作用；$w_{ij} < 0$ 表示 x_j 对神经元 i 有抑制作用。

（2）输入信号累加器。反映生物神经元的时空整合功能。u_i 表示第 i 个神经元的净输入，是输入信号线性组合后的输出，是对大脑神经元输入信号整合功能的一阶近似值。

$$u_i = \sum_j w_{ij} x_j \qquad (6\text{-}3)$$

θ_i 是神经元的阈值或称为偏差用 b_i 表示，v_i 为经偏差调整后的值：$v_i = u_i + b_i$。

（3）神经元的激活函数。$f(\cdot)$ 用于限制神经元的输出，使输出 y_i 一般在 $[0，1]$ 或 $[-1，1]$ 之间。

$$y_i = f\left(\sum_j w_{ij} x_j + b_i \right) \qquad (6\text{-}4)$$

深度神经网络中常用的激活函数有 sigmoid 函数、tanh 函数、ReLU 函数等。

sigmoid 函数表达式为

$$y_i = \frac{1}{1 + \exp(-a v_i)} \qquad (6\text{-}5)$$

二、感知器

感知器（Perceptron）是最基本的人工神经网络，包括单层感知器和多层感知器。

（一）单层感知器

单层感知器的结构有两个层次，分别是输入层和输出层。输入层的输入为 x_j，输出层的"输出单元"则需要对前面一层的输入进行计算，我们把需要计算的层次称为"计算层"，并把拥有一个计算层的网络称为"单层神经网络"。

单层神经网络的权值是通过训练得到的，类似一个逻辑回归模型，可以做线性分类任务。我们可以用决策分界来形象地表达分类的效果。决策分界就是在二维数据平面中画出一条直线；当数据的维度是三维时，画出一个平面；当数据的维度是 n 维时，划出一个 $n-1$ 维的超平面。

（二）多层感知器

在单层感知器中增加了一个计算层后，两层神经网络不仅可以解决异或问题，而且具有非常好的非线性分类效果。两层神经网络除了包含一个输入层、一个输出层以外，还增加了一个中间层（也称隐藏层）。

多层感知器的特点如下。

（1）多了隐藏层，可以从输入模式提取更多的有用信息，完成更复杂的任务。

（2）每层的激活函数都是可微的 sigmoid 函数。

（3）多突触使得网络更具连通性，连接权值的变化会引起连通性的变化。

（4）采用独特的学习算法——误差反向传输（Back Propagation，BP）算法，因此也称 BP 神经网络。BP 学习算法包括两个阶段。

①工作信号正向传播。输入信号从输入端经隐藏层单元传向输出层，在输出

端产生输出信号。在信号正向传播过程中网络的权值固定不变，每一层神经元的状态只影响下一层神经元的状态。如果在输出端得不到期望的输出，则转入误差信号反向传播。

②误差信号反向传播。网络的实际输出与期望输出的差值为误差信号，它由输出开始逐层反向传播，在此过程中权值由误差反馈进行调节，通过权值的不断修正使网络的实际输出更接近期望输出。

三、支持向量机

支持向量机（Support Vector Machine，SVM）是一种非常受欢迎的机器学习方法，也是成功的浅层模型典范。它可以将不同类别的数据特征向量通过特定的核函数由低维空间映射到高维空间，然后在高维空间中寻找分类的最优超平面。支持向量机具有更好的推广泛化能力，而且支持向量机求得的是全局最优解。

传统人工神经网络通常只通过增加样本数量来减少分类误差，提高识别精度，而当分类器对训练样本过度拟合时，在实际工作中，并不能准确地分类测试样本，造成了分类器的推广能力差。

支持向量机在很大程度上对机器学习的发展做出了很大的贡献，在非线性高维模式识别中有很大优势。其主要思想是，把低维空间中线性不可分的问题转化到高维空间中变成线性可分，从低维空间到高维空间的转换用到了核函数，核函数的优点是避免了维度灾难。转化为线性可分问题后，就是要优化某几类之间的最大类间隔，寻找最优的分割超平面。

作为一种性能优良且在多领域都得到应用的机器学习方法，它在面对模式识别中较难解决的如样本集较小、样本非线性及样本维度高等问题时，表现出非常强的学习能力。而且相对于其他机器学习方法具有更好的泛化能力。为了使不同种类的数据在空间上能够最好地分隔开来，支持向量机通过找到一个最优的分类超平面来解决这个问题。

支持向量机适合解决样本特征较少、问题较为简单或者限制条件较多的简单分类问题，但是在解决复杂多变的现实问题时，就显得心有余而力不足，表现也差强人意。例如，当面临自然语言处理分析、大规模图像分析等问题时，浅层结构无法完全拟合复杂问题函数，泛化性差，表达能力也受到一定的限制。

四、递归神经网络

多层感知器和支持向量机都是前馈神经网络，是以确定性方式将输入映射到输出，连接仅馈送到后续层，通过隐藏层将输入矢量馈送到网络中，并最终获得一个输出。即样例输入网络后被转换为一项输出，在进行有监督学习时，输出为一个标签。也就是说，前馈网络将原始数据映射到类别，识别出信号的模式，如一张输入图像应当给予"猫"还是"狗"的标签，我们用带有标签的图像训练好一个前馈网络，直到网络在猜测图像类别时的错误降到最小。将参数，即权重定型后，网络就可以对从未见过的数据进行分类。已定型的前馈网络可以接受任何随机的图片组合，而输入的第一张照片并不会影响网络对第二张照片的分类。看到一张猫的照片不会导致网络预期下一张照片是狗。这是因为网络并没有时间顺序的概念，它所考虑的唯一输入是当前所接受的样例。前馈网络仿佛患有短期失忆症，它们只有早先被训练定型时的记忆。

对于许多问题，这是理想选择，但是，假设我们在处理时序数据。孤立的单一数据并不是完全有用的，考虑一个自然语言处理应用程序，其中的字母或单词表示网络输入。当我们考虑理解单词时，单独考虑一个字母是没有意义的，必须考虑这个字母前面和后面的字母，也就是字母的上下文。这可视为时间序列数据，此时需要一种可以考虑输入历史的新型拓扑结构，递归神经网络（RNN）。

RNN 是两种人工神经网络的总称。一种是时间递归神经网络（Recurrent Neural Network），又称为循环神经网络；另一种是结构递归神经网络（Recursive Neural Network）。时间递归神经网络的神经元间连接构成矩阵，而结构递归神经网络利用相似的神经网络结构递归构造更为复杂的深度网络。RNN 一般指代时间递归神经网络。

RNN 代表一种未来的基础架构，可以在大多数先进的深度学习技术，如 LSTM（Long Short-Term Memory）和 GRU（Gated Recurrent Unit）中找到它。单纯递归神经网络由于无法处理随着递归、权重指数级爆炸或消失的问题，难以捕捉长期时间关联；而结合不同的长短期记忆的 LSTM 则可以很好地解决这个问题。GRU 则是 LSTM 的一个变体，保持了 LSTM 的效果，同时又使结构更加简单，所以它也非常流行。

第三节　卷积神经网络

深度神经网络在处理图像、声音、文字信号时，通过多层变换对数据进行特征描述，得到相较于传统方法优异的结果。当前深度学习已经发展成为语音识别领域和图像处理领域的主流技术手段。

一、深度学习概述

加拿大机器学习领域的泰斗 Geoffrey Hinton 教授以及学生在 Science 上发表的一篇论文，提出可以通过多层人工神经网络的学习将高维数据转换为更接近数据描述的低维编码，通过微调的方式解决由深度增加导致的"梯度弥散"问题，打开了如何学习深层次网络的大门。

其中提到两个重要观点：①多隐藏层神经网络的特征学习能力优异，利用深度神经网络对图像特征进行逐层滤波，能学到数据更本质的特征，更加有利于分类或可视化；②深度神经网络可利用"逐层初始化"来减少参数数量，降低训练难度，解决过拟合问题。

深度学习模型是一个统称，能够以简洁的参数形式对复杂的函数关系进行学习，得到数据之间多层的深度隐含非线性函数关系。深度学习不等于深度神经网络，深度神经网络只是深度学习的一个子类。深度学习从形式上看，信号在这个多层结构中逐层传播，最后得到信号表达；从内容上讲，它是对数据局部特征进行多层次的抽象化的学习与表达。

深度学习能够挖掘出存在于数据之间高度隐含的关系，且样本的特征复用率更高。深度学习作为一种新的机器学习方法，通过对深层非线性网络结构的监督学习，实现复杂函数的近似，并具有强大的从有限样本集合中学习问题本质的能力。这种特性更有利于深度学习对视觉、语音等信息进行建模，进而更好地对图像和视频进行表达和理解。这种强大的模型表达力，使其能够更好地处理复杂的函数关系。同时深度学习特有的生物学基础，使其更加适于处理人类社会感知的语义信息。

深度学习实质上先是完成含很多隐藏层的学习模型的构建，然后从大量的训练数据中来学习得到更富有表现力的特征，进而改善分类或预测任务的准确度，简而言之，是通过"深度模型"这个途径来实现"特征学习"的目的。与传统的浅层学习相较而言，深度学习不仅着重突出了模型结构的深度，包含更多的隐藏层，另外将样本特征经逐层变换到新的另外一个特征空间，从而更有利于分类或预测任务。深度学习是从大数据中来学习得到特征的，这种方式能够得到数据的更多本质特征。

随着人们对深度学习领域的不断探索，模型以及算输出层法不断发展，深度学习将在更多领域实现价值，帮助人类解决更多难题。深度学习可以理解为神经网络的发展。大约30年前，神经网络曾是机器学习领域特别火热的一个方向，但后来却慢慢淡出，一方面是因为比较容易过拟合，参数比较难调，且需要不少约束；另一方面，训练速度较慢，且层次较少时效果不如其他方法。深度学习与传统神经网络之间有很多异同点，两者都采用了具有相似分层结构的神经网络，系统都是由输入层、隐藏层和输出层组合而成的多层次网络结构，仅输入层邻层间的节点间有连接，每一层可看作一个逻辑回归模型。

如前所述，机器学习方式有监督式、非监督式和半监督式学习算法。半监督式学习算法在深度神经网络中运用的大致思路是，用无监督算法实现对网络模型的预训练（Pre-training），对网络模型参数初始化；利用图像类别信息通过监督学习算法对网络模型参数进行微调。半监督式学习算法的模型代表是深度信念网络（Deep Belief Networks，DBN），它以限制玻尔兹曼机（Restricted Boltzmann Machine，RBM）为基础，逐层堆叠RBM，其中玻尔兹曼机的训练为无监督过程，在堆叠之后形成的深度神经网络需要图像类别信息调整网络参数。监督式学习算法的代表网络是卷积神经网络（Convolutional Neural Networks，CNN）。

深度学习使用不同的训练机制来克服神经网络在训练方面的问题。传统神经网络采用后向传播的方式，简而言之，就是通过迭代算法来训练整个网络，随机初始化来计算网络的输出，然后结合输出与标签的差反向微调各层的参数，直至收敛（梯度下降法）。而深度学习结构的层数比较多，若采用后向传播，随着传播残差越变越小，容易导致产生梯度弥散或者陷入局部极值等问题，因而深度学习采用逐层训练机制。具体就是采用无标签数据来分层对每一层的参数进行预处理，这也是和传统神经网络的随机初始化区别最大的地方，然后通过对模型反向传播处理来进一步对每层参数进行优化。

深度学习强大的学习能力正在引领行业发生变革，而深度学习的一些成果也已经渗透到生活的各个角落。在图像、自然语言、语音识别及语言翻译等方面，作为核心技术的深度学习大幅提升了各类信息服务质量，引发的数据智能对信息产业产生极大的影响。它正在逐渐变为一项通用的、基础的核心技术，将给互联网、智能设备、自主驾驶、生物医药等领域带来重大的影响。

二、卷积神经网络原理

在各种深度神经网络结构中，CNN 是应用最广泛的一种，是由 Yann LeCun 等人提出的。早期的 CNN 被成功应用于手写字符图像识别。2012 年更深层次的 AlexNet 网络取得成功，此后 CNN 蓬勃发展，被广泛用于各个领域，在很多问题上都取得了当前最好的性能，在图像识别和处理领域的应用相当广泛。

CNN 结构能够较好地模拟视觉皮层中细胞之间的信息传递。CNN 的提出在小数据小尺寸图像的研究上刷新了当时的研究结果，但是不能很好地理解大尺寸的自然图像，因此没有得到计算机视觉领域的重视。

CNN 是利用空间关系来减少参数量，降低网络模型的复杂度，减少需要训练的权值数目，进而提高 BP 训练效率的一种拓扑式结构，并在实验中取得了较好性能。这些优点在处理多维图像时表现尤为显著，它以图像的局部感受区域作为网络的输入，避免了传统识别方法中烦琐的特征提取和重构过程，依次将信息传输到不同层，每层通过滤波器的卷积操作来获得数据对平移、缩放、旋转等形变高度不变的显著特征。

（一）卷积神经网络的思想起源

CNN 通过卷积和池化操作自动学习图像在各个层次上的特征，这符合我们理解图像的常识。人在认识图像时是分层抽象的，首先是颜色和亮度，然后是边缘、角点、直线等局部细节特征，接下来是纹理、几何形状等更复杂的信息和结构，最后形成整个物体的概念。

视觉神经科学对于视觉机理的研究验证了这一结论，动物大脑的视觉皮层具有分层结构。眼睛将看到的景象成像在视网膜上，视网膜把光学信号转换成电信号，传递到大脑的视觉皮层，视觉皮层是大脑中负责处理视觉信号的部分。

CNN 可以看成是对上面这种机制的简单模仿。它由多个卷积层构成，其中的卷积核对图像进行处理后得到输出。前面的卷积层捕捉图像局部、细节信息，后面的卷积层捕捉图像更复杂、更抽象的信息。经过多个卷积层的运算，最后得到图像在各个不同尺度的抽象表达。

（二）卷积层

卷积层是卷积神经网络的核心。下面通过一个实际的例子来理解卷积运算。如果被卷积图像为

$$\begin{bmatrix} 11 & 1 & 7 & 2 & 2 \\ 1 & 3 & 9 & 6 & 7 \\ 7 & 3 & 9 & 6 & 1 \\ 4 & 3 & 2 & 6 & 3 \\ 4 & 1 & 3 & 4 & 5 \end{bmatrix}$$

卷积核为

$$\begin{bmatrix} 1 & 5 & 2 \\ 2 & 6 & 3 \\ 7 & 1 & 1 \end{bmatrix}$$

首先用图像第一个位置处的子图像，即左上角的子图像和卷积核对应元素相乘，然后相加，在这里子图像为

$$\begin{bmatrix} 11 & 1 & 7 \\ 1 & 3 & 9 \\ 7 & 3 & 9 \end{bmatrix}$$

卷积结果为：$11 \times 1 + 1 \times 5 + 7 \times 2 + 1 \times 2 + 3 \times 6 + 9 \times 3 + 7 \times 7 + 3 \times 1 + 9 \times 1 = 138$。接下来在待卷积图像上向右滑动一列，将第二个位置处的子图像

$$\begin{bmatrix} 1 & 7 & 2 \\ 3 & 9 & 6 \\ 3 & 9 & 6 \end{bmatrix}$$

与卷积核卷积，结果为 154。接下来，再向右滑动一位，将第三个位置处的子图像与卷积核进行卷积，结果为 166。处理完第一行之后，向下滑动一行，然后重复上面的过程。以此类推，最后得到卷积结果图像为

$$\begin{bmatrix} 138 & 154 & 166 \\ 126 & 167 & 133 \\ 104 & 110 & 121 \end{bmatrix}$$

经过卷积运算之后，图像的尺寸变小。也可以先对图像进行扩充，如在周边补 0，然后用尺寸扩大后的图像进行卷积，保证卷积结果图像和原图像尺寸相同。另外，在从上到下、从左到右滑动的过程中，水平和垂直方向滑动的步长都是 1，也可以采用其他步长。

卷积运算显然是一个线性操作，而神经网络要拟合的是非线性的函数，因此和全连接网络类似，需要加上激活函数，常用的有 sigmoid 函数、tanh 函数、ReLU 函数等。

前面是单通道图像的卷积，输入的是二维数组。实际应用时我们遇到的经常是多通道图像，如 RGB 彩色图像有三个通道，另外由于每一层可以有多个卷积核，产生的输出也是多通道的特征图像，此时对应的卷积核也是多通道的。具体做法

是，用卷积核的各个通道分别对输入图像的各个通道进行卷积，然后把对应位置处的像素值按照各个通道累加。

（三）池化层

通过卷积操作，完成对输入图像的降维和特征抽取，但特征图像的维数还是很高。维数高不仅计算耗时，而且容易出现过拟合，为此引入了下采样技术，也称为池化（Pooling）操作。池化的做法是对图像的某一个区域用一个值代替，除了降低图像尺寸之外，下采样带来的另外一个好处是平移、旋转不变性，因为输出值由图像的一片区域计算得到，对于平移和旋转并不敏感。典型的池化有以下几种。

最大池化：遍历某个区域的所有值，求出其中最大的值作为该区域的特征值。

求和池化：遍历某个区域的所有值，将该区域所有值的和作为该区域的特征值。

均值池化：遍历并累加某个区域的所有值，用该区域所有值的和除以元素个数，也就是将该区域的均值作为特征值。

下面通过一个实际例子来解释下采样运算。输入图像为

$$\begin{bmatrix} 11 & 1 & 7 & 2 \\ 1 & 3 & 9 & 6 \\ 7 & 3 & 9 & 6 \\ 4 & 3 & 2 & 6 \end{bmatrix}$$

在这里进行无重叠的 2×2 最大池化，结果图像为

$$\begin{bmatrix} 11 & 9 \\ 7 & 9 \end{bmatrix}$$

其中，第一个元素 11 是原图左上角 2×2 子图像

$$\begin{bmatrix} 11 & 1 \\ 1 & 3 \end{bmatrix}$$

元素的最大值为 11。第二个元素 9 为第二个 2×2 子图像

$$\begin{bmatrix} 7 & 2 \\ 9 & 6 \end{bmatrix}$$

元素的最大值为 9，其他的依次类推。如果采用的是均值下采样，则结果为

$$\begin{bmatrix} 4 & 6 \\ 4.24 & 5.75 \end{bmatrix}$$

池化层的具体实现是在进行卷积操作之后对所得到的特征图像进行分区，图像被划分成不相交块，计算这些块内的最大值或平均值，得到池化后的图像。

均值池化和最大池化都可以完成下采样操作，前者是线性函数，而后者是非线性函数，一般情况下最大池化有更好的效果。

（四）卷积神经网络结构

神经网络的训练学习过程是模拟视觉处理系统不断抽取高级特征的过程，CNN 是一种多层的神经网络结构，一般由输入层、卷积层（C 层）、子采样层（S 层）、全连接层（F 层）和输出层组成，每层中都有多个独立的二维平面，而每个平面中又有多个神经元。

CNN 由多个卷积层构成，每个卷积层包含多个卷积核，用这些卷积核从左向右、从上向下依次扫描整个图像，得到称为特征图（Feature Map）的输出数据。网络前面的卷积层捕捉图像局部、细节信息，感受野（Receptive Field）较小，即输出图像的每个像素只利用输入图像很小的一个范围。后面的卷积层感受野逐层加大，用于捕捉图像更复杂、更抽象的信息。经过多个卷积层的运算，最后得到图像在各个不同尺度的抽象表示。

输入图像通过卷积层和池化层后得到一些特征图；在输入到分类器层之前，需要将所有的特征图排成一列连接起来，构成一个特征向量；最后利用分类器层

完成分类。例如，分类器层可以使用 Softmax 分类模型：

$$h_\theta(x) = \frac{1}{1+\exp\left(-\theta^T X\right)} \quad\quad (6\text{-}6)$$

（五）卷积神经网络的训练过程

训练 CNN 的目的是寻找一个模型，通过学习样本，使这个模型能够记忆足够多的输入与输出映射关系。模式识别中，神经网络的有监督学习是主流，无监督学习更多用于聚类分析。对于 CNN 的有监督学习，本质上是一种输入到输出的映射，在无须任何输入和输出间的数学表达式的情况下，学习大量的输入与输出间的映射关系，简而言之，就是仅用已知的模式对 CNN 训练使其具有输入到输出间的映射能力。其训练样本集是标签数据。除此之外，训练之前需要一些"不同"（保证网络具有学习能力）的"小随机数"（权值太大，网络容易进入饱和状态）对权值参数进行初始化设置。

（六）卷积神经网络的优点

CNN 拥有局部权值共享的特点，且布局更接近于实际生物神经网络结构，使得其在图像处理和语音识别方面有着独特的优越性。权值共享降低了网络复杂性，并且多维图像可直接作为网络输入，降低了特征提取和分类过程中数据重建的复杂度。由于 CNN 的特征检测层是通过训练数据进行学习的，所以 CNN 就避免了显式的特征抽取，而隐式地从训练数据中进行学习，这使得 CNN 明显有别于其他基于神经网络的分类器；另外，由于权值共享同一特征映射面上神经元权值相同，所以网络可进行并行学习，这也是 CNN 相对于其他神经网络的一大优势。CNN 通过结构重组及减少权值来将特征提取融进了多层感知器。它可以直接处理图片以及基于图像的分类。CNN 不仅在自动提取图像显著特征方面表现优异，且它的这种层间联系和空间信息的紧密联系，尤为适合图像处理和理解。目前 CNN 已被成功应用到许多机器学习问题中，包括人脸识别、文档分析和语言检测等。

综上所述，在图像处理方面，CNN 具有以下优势：①网络的拓扑式结构适合对图像进行处理；②特征提取和模式分类可以同时进行，且同时在训练中产生；③权值共享可大大减少训练参数，令神经网络结构更简单，适应性更强；④在输入多维图像时 CNN 表现更为明显，图像可以直接作为网络的输入，避免了用其他深度神经网络运算时输入向量维数过大的情况。因此 CNN 的典型应用就是图像处理，如图像分类、目标跟踪、目标检测与识别。

三、VGG 卷积神经网络

深度学习卷积神经网络的一个典型网络是 VGGNet，它是由牛津大学计算机视觉组（Visual Geometry Group）和 Google DeepMind 公司一起研发的。VGGNet 探索了卷积神经网络的深度与其性能之间的关系，通过反复堆叠 3×3 的小型卷积核和 2×2 的最大池化层，不断加深网络结构来提升性能，成功构筑了 16 ~ 19 层的卷积神经网络。

VGG-16 网络包含 16 层，其中 13 个卷积层、3 个全连接层，共包含参数约 1.38 亿个。VGG-16 网络结构很规整，没有太多的超参数，专注于构建简单的网络，都是几个卷积层后面跟一个可以压缩图像大小的池化层。随着网络加深，图像的宽度和高度都在以一定的规律不断减小，每次池化后刚好缩小一半。

预处理：图片的预处理就是每一个像素减去均值，是比较简单的处理方式。

卷积核：整体使用的卷积核都比较小，3×3 是可以表示"左右""上下""中心"这些模式的最小单元。还有比较特殊的 1×1 的卷积核，可看作是空间的线性映射。

　　使用多个较小卷积核的卷积层代替一个卷积核较大的卷积层，一方面可以减少参数，另一方面相当于进行了更多的非线性映射，能够增加网络的拟合 / 表达能力。

第七章　智能图像识别

第一节　图像识别基本原理

一、图像识别概述

图像识别是模式识别在图像领域中的扩展应用，模式是人们对感兴趣的客体进行的定量或结构的描述，既能以物体、过程、事件的形式存在，也能以离散的数据特征组合形式存在。图像识别就是利用自动处理技术将待识别的图像模式进行分类的过程。

随着人工智能（AI）的兴起，图像识别理论和方法在很多学科领域中都受到了广泛的重视并且迅速得到发展，尤其是近年来AlphaGo的胜利让人工智能的"深度学习"概念迅速普及，而率先打破"机器学习"过渡到"深度学习"的节点便发生在图像识别领域。图像识别背后的技术就是新的机器学习方式，即深度学习。具体来说，在数据基础上，计算机自动生成特征量，而非人为设置特征量，然后计算机根据这些特征量来进行分类。例如，随着计算机技术和网络的飞速发展，图像数据库日益增多，如何从大量图像数据中快速提取出视觉信息已成为智能视觉感知领域的研究热点。而对图像数据进行分类成为获取图像有效信息的重要研究问题之一，它根据目标在图像信息中所反映的不同特征，利用计算机对图像进行定量分析，把图像或图像中的每个像元或区域划归为若干个类别中的一类，从而把不同类别的目标区分开来，以代替人的视觉判别。

深度学习用于图像识别，大大提高了图像识别效果，使得图像识别在实际生活中获得了越来越广泛的应用。图像识别分为生物识别、物体与场景识别和视频识别。2022年，生物识别技术市场规模达到250亿美元，5年内年均增速约14%。同时，图像识别在图像检索、人机交互、智能安防、视频监控、无人机平台等方面也都有着广阔的应用前景。近年来图像识别技术突飞猛进，但是从技术角度来说，入门容易，从0做到40分、60分相对门槛较低，而要提升到90分就需要深厚的模型。

图像识别技术的迅速发展有多方面原因，一方面，有很多学术机构已经做了相当长时间的研究，研究成果也已经被运用到实际的应用中，很多大企业已经开源了基本工具；另一方面，产业链的更新迭代也为图像技术打下了基础。高性能的AI计算芯片、深度学习算法都是推动图像识别发展的因素，近年来，由于计算机速度的提升、大规模集群技术的兴起、图形处理器（GPU）的应用以及众多优化算法的出现，耗时数月的训练过程可缩短为数天甚至数小时，深度学习才逐渐可用于工业化。例如，AI底层架构从CPU+GPU到FPGA（Field-Programmable Gate Array），再到人工智能专用芯片，运行速度不断刷新。

尽管还未实现真正的人工智能，但日渐成熟的图像识别技术已开始探索各类行业的应用，应用场景多样化。在农林行业，图像识别已在多个环节中得到应用，例如，森林调查，利用无人机对图像进行采集，再通过图像分析系统对森林树种的覆盖比例、林木的健康状况进行分析，从而做出更科学的开采方案；而原木检验方面，图像识别可以快速对木材的树种、优劣、规格进行判断，省去了大量人工参与的环节；在金融领域，身份识别和智能支付提高了身份的安全性与支付的效率和质量；在安防领域，在人工硬件铺设到后端软件管理平台的建设转型中，图像识别系统将成为打造智慧城市的核心环节；在医疗领域，医疗影像基于人工智能的快速匹配可帮助医生更快、更准确地读取病人的影像数据；在无人驾驶领域，低成本的摄像头加视频处理软件方案将为无人驾驶商业化打下基础。

此外，在智能家居、电商等行业中，图像识别也有不同程度的应用。从目前的应用案例来看，以面向企业（To B）行业居多，其中也不乏面向普通用户（To C）类产品。在深度学习之下，各公司面向不同行业，培育掌握不同知识的图像识别机器。未来，如何在图像的基础上收集、处理大数据将成为行业内的另一个比拼点。

二、图像识别过程

图像识别的基本实现方法是从图像中提取图像具有区分性的特征信息，从而区分具有不同性质属性的图像，并将其划分为不同的类别。图像识别过程包括输入图像、图像预处理、目标检测、特征提取、分类识别几个核心步骤。具体而言，每个步骤的任务如下。

（一）输入图像

通过光电传感器或者成像雷达等设备将光或声音等信息转化为电信息。信息可以是二维的图像，如文字图像、人脸图像等；可以是一维的波形，如声波、心电图、脑电图；也可以是物理量与逻辑值。

（二）图像预处理

对输入图像进行预处理，预处理的方法主要有图像矫正、平滑去噪、图像滤波等，包括图像灰度规范化、图像几何规范化、图像降噪等操作。相应的预处理操作可为图像后续处理带来规模化处理便利、处理性能提升便利等。

（三）图像目标检测

对预处理之后的图像进行图像分割、感兴趣区域检测、异常检测等，选择图像中目标所在的区域。

图像分割：将数字图像分割成多个片段，其主要目标是将图像划分为物体与背景部分，对图像中的每个像素赋以标签，使得具有相同标签的像素共享某些特征；将某个区域中具有颜色、强度或质地等相同属性的区域进行分割。在目标跟踪、目标识别和图像理解等领域需要效果明显且有效的分割方法。

感兴趣（ROD）区域提取：感兴趣区域是指一幅图像中容易引起人们注意的区域，ROD 区域的准确提取可以大幅提高动态目标识别的效率与识别结果。

（四）图像特征提取

对于检测出来的区域进行特征提取。图像识别通常以图像的主要特征为基础，不同的目标具有不同的特征表现，因此特征提取是目标识别的关键，特征的选择和描述是识别性能的直接体现。

（五）分类识别

分类识别是在特征空间中对被识别对象进行分类，包括分类器设计和分类决策，将从图像中提取的特征结果输入到训练好的分类器中，由分类器给出最终的分类判决结果，完成图像分类的任务。

第二节　OCR 文字识别技术

OCR（Optical Character Reader）指的是光学文字读取装置。OCR 装置主要由图像扫描仪和装有用于分析、识别文字图像专用软件的计算机构成。通用的

OCR 是先用图像扫描仪将文本以图像方式输入，计算机对该图像进行版面分析后提取出文字行，最后进行文字识别并把识别结果以文字代码形式输出。OCR技术以往仅用于一些专门领域，随着个人计算机性能的提高，现在在市场上已经可以买到低价位的通用 OCR 软件。这些软件通过版面分析技术来实现高精度的文字识别。

一、版面分析方法

OCR 的功能是先从文本中按行提取出文字序列，接下来再对其进行文字识别处理，最后根据文字的行序输出文字编码。在一般的文本中，除了文字行以外，还有图、表、公式等内容，要求各文字行从这些内容中分离出来。由于在文字行中包含有正文、注音文字、脚注、图表标题、题目、页码等属性不同的文字，所以根据文字的属性可得到正确的文字行。提取包含在文本中的各要素并进行解释的过程称为版面分析。版面分析通常包括以下内容。

（一）图像的输入

文字图像一般可由图像扫描仪输入。分辨率可以按输入对象的不同进行调整，其范围为 200 ~ 400 dPi，图像扫描仪都带有二值化功能，可以很方便地进行二值化。

（二）文字区域的提取

输入的文本限定在输入图像中的一部分，所以需要去除其周围的非文字部分，限定文字区域。用边界跟踪法和贴标签法将包围黑色像素的矩形区域提取出来，检测输入的文本是否有倾斜。倾斜的检测方法是对于文本图像的某一局部区域，在某一角度方向上将黑色像素进行投影并统计其分布 $h(i)$，则分布起伏的大小可用 $\sum (h(i)-h(i-1))^2$ 或 $h(i)$ 的方差来衡量。按 1 度的间隔在 ±5 度的范围内观测该起伏量，将观察值进行插值处理后求其最大值。据此估计出该最大值对应的方向即为文字序列的正确方向。最后对图像旋转可实现倾斜的校正。将图像按顺时针方向旋转 θ 角度的计算公式如下：

$$\begin{bmatrix} x' \\ y' \end{bmatrix} = \begin{bmatrix} \cos\theta & -\sin\theta \\ \sin\theta & \cos\theta \end{bmatrix} \begin{bmatrix} x \\ y \end{bmatrix} \tag{7-1}$$

这里以图像的左上角为原点，x 为横坐标方向，y 为纵坐标方向，$[x,y]^T$ 为旋转前的坐标，$\left[x',y'\right]^T$ 为旋转后的坐标。

（三）区域分割

区域分割是指将文字图像分割为几个相对独立的部分。文本的构成要素中既有图表、照片这种占有较大面积的部分，也有由文字集合组成的文字行部分。

1. 图表、照片的提取

在文本图像中，先找出包围各连接成分的最小矩形区域，大面积矩形对应的部分是图表或照片区域。将这些大面积区域从图像中清除之后，剩下的便是由文字构成的矩形群。在对提取的大面积矩形进行图、表、照片的判断时，可利用矩形内黑色像素所占面积的比率、连续的黑色像素的长度（黑线段）、白色像素的长度（白线段）的直方图等统计判别方法进行区分。

2. 文字行的提取

文字行的提取通常采用合并方式和分割方式。所谓合并方式，是当黑色像素块与块之间的空白部分（白线段长）小于某一指定阈值时，将这些白色像素用黑色像素进行替代，将近邻的连接黑色像素块进行合并，由此生成文字行的方式。分割方式是利用格线或空白带求分割点，对文字反复进行二分割的方法。

对于所提取的各文字行，由行的起始位置、结束位置、行幅、行间距等行属性来确定出行属性集合，形成一个行块。由各行块的位置决定各个行的顺序。

另外，为了使文字行的提取更具有一般性，要求它也能处理纵排的文本、横排的文本以及纵横混排的文本。纵排文本旋转90°后，按横排文本处理定出各文字行。

（四）文字区域的分割与文字识别

求得文字行后，需要将其中的每个文字区域一个一个地分割提取出来并对其进行文字识别。通常，文字区域的提取与文字的识别属于不同的处理方式，但是由于文字区域的提取处理本身很难判定其结果的正确性，所以通常是利用文字识别的评价值来判断单个文字区域分割的正确性。

（五）区域解释

区域解释是指利用生成的各对象的关系结构和文字识别的结果，对归为同一处理对象赋予属性的过程。例如，文本由标题、作者、所属、正文、图、页码等逻辑要素构成，把文本作为一个整体来看时，需要找出这些逻辑要素与各对象之间的对应关系。该方法的设计思路：先将逻辑要素的特征作为知识存储起来，再将其与观测到的特性进行匹配比较。如果一个对象区域与多个要素都有关系，则需要利用逻辑要素的关系结构去除其中具有矛盾关系的部分。

二、文字识别技术

文字识别的思想始于 20 世纪 30 年代左右，因为当时还没有计算机，所以无法具体实现，依据的原理就是模板匹配。大约在 20 世纪 70 年代，随着计算机的小型化和高性能化的深入发展，计算机在研究所和大学实验室得到普及，到 20 世纪 80 年代，文字识别技术得到了广泛的研究。该期间发表的研究论文在模式识别研究领域中所占的比重很大。欧美等使用罗马字母的国家，文字种类少，对印刷文字的识别显得容易些。汉字是历史悠久的中华民族文化的重要结晶，闪烁着中国人民智慧的光芒。汉字数量众多，仅清朝编纂的《康熙字典》就包含了49 000多个汉字，其数量之大，构思之精，为世界文明史所仅有。由于汉字为非字母化、非拼音化的文字，所以在信息技术及计算机技术日益普及的今天，如何将汉字方便、快速地输入计算机中已成为关系到计算机技术能否在我国广泛普及的关键问题。

由于汉字数量众多，汉字识别问题属于超多类模式集合的分类问题。汉字识别技术可以分为印刷体识别及手写体识别技术，而手写体识别又可以分为联机与脱机两种。

从识别技术的难度来说，手写体识别的难度要高于印刷体，而在手写体识别中，脱机手写体的难度又远远超过了联机手写体识别。到目前为止，除了脱机手写体数字的识别已有实际应用外，汉字等文字的脱机手写体识别还处在实验室阶段。联机手写体的输入是依靠电磁式或压电式等手写输入板来完成的。20世纪90年代以来，联机手写体的识别正逐步走向实用，方兴未艾。中国的科研工作者推出了多个联机手写体汉字识别系统，国外的一些大公司也开始进入这一市场。脱机手写体和联机手写体识别相比，印刷体汉字识别已经实用化，而且在朝着更高的性能、更完善的用户界面的方向发展。

文字识别系统很多，文字识别的大致步骤包括文字图像的预处理、特征提取和分类。

（一）文字图像的预处理

在版面分析基础上，分割出的单个文字所构成的文字图像为二值图像。需要对其进行尺寸规格化处理和细线化处理等预处理。尺寸规格化处理时，常将一个文字规格化为 32×32 ~ 64×64 的图像。细线化处理是为了提取构成文字线的像素特征。所谓的像素特征是指端点、文字线上的点、分支点、交叉点等，可根据像素的连接数来进行判断。另外，以细线化处理后的图像中也能提取出线段的方向。

（二）文字图像的特征提取

特征提取的目的是从图像中提取出有关文字种类的信息，过滤掉不必要的信息。特征提取方法虽然很多，但常用的有网格特征提取、周边特征提取、方向特征提取三种方法。当手写文字作为识别对象时，有关于文字线方向特征、线密度特征等的提取方法。另外，还有注重背景而不是文字线的构造集成特征的提取方法。

（三）识别

识别方法是整个系统的核心。识别汉字的方法可以大致分为结构模式识别、统计模式识别及两者的结合。下面分别做简单介绍。

1.结构模式识别

汉字是一种特殊的模式，其结构虽然比较复杂，但具有相当严格的规律性。换言之，汉字图形含有丰富的结构信息，可以设法提取结构特征及其组字规律作为识别汉字的依据，这就是结构模式识别。结构模式识别是早期汉字识别研究的主要方法。其主要出发点是依据汉字的组成结构。从汉字的构成上讲，汉字是由笔画（点、横、竖、撇、捺等）、偏旁部首构成的；也可以认为汉字是由更小的结构基元构成的。由这些结构基元及其相互关系完全可以精确地对汉字加以描述，在理论上是比较恰当的。其主要优点是对字体变化的适应性强，区分相似字能力强。但抗干扰能力差，因为实际得到的文本图像中存在着各种干扰，如倾斜、扭曲、断裂、粘连、纸张上的污点和对比度差等。这些因素直接影响到结构基元的提取，假如不能准确地得到结构基元，后面的推理过程就成了无源之水。此外，结构模式识别的描述比较复杂，因而匹配过程的复杂度也较高。所以在印刷体汉字识别领域中，纯结构模式识别方法已经逐渐衰落。

2. 统计模式识别

统计决策论发展较早，理论也较成熟。其要点是提取待识别模式的一组统计特征，然后按照一定准则所确定的决策函数进行分类判决。常用于文字识别的统计模式识别方法有以下几种。

（1）模板匹配。

模板匹配以字符的图像作为特征，与字典中的模板相比，相似度最高的模板类即为识别结果。这种方法简单易行，可以并行处理，但是一个模板只能识别同样大小、同种字体的字符，对于倾斜、笔画变粗变细均无良好的适应能力。

（2）特征变换方法。

对字符图像进行二进制变换（如 Walsh、Hardama 变换）或更复杂的变换（如 Karhunen-Loeve、Fourier、Cosine、Slant 变换等），变换后的特征的维数大大降低。但是这些变换不是旋转不变的，因此对于倾斜变形的字符的识别会有较大的偏差。二进制变换的计算虽然简单，但变换后的特征没有明显的物理意义。K-L 变换虽然从最小均方误差角度来说是最佳的，但是运算量太大，难以运用到实际当中。总之，变换特征的运算复杂度较高。

（3）投影直方图法。

利用字符图像在水平方向及垂直方向的投影作为特征进行文字识别。该方法对倾斜旋转非常敏感，细分能力差。

（4）几何矩特征。

M.K.Hu 提出利用矩不变量作为特征的想法，引起了研究矩的热潮。研究人员又确定了数十个移不变、比例不变的矩。我们总希望找到稳定可靠的、对各种干扰适应能力很强的特征，在几何矩方面的研究正反映了这一愿望。以上所涉及的几何矩均在线性变换下保持不变。但在实际环境中，很难保证线性变换这一前提条件。

（5）Spline曲线近似与傅里叶描绘子法。

两种方法都是针对字符图像轮廓的。Spline曲线近似是在轮廓上找到曲率大的折点，利用Spline曲线来近似相邻折点之间的轮廓线。而傅里叶描绘子则是利用傅里叶函数模拟封闭的轮廓线，将傅里叶级数的各个系数作为特征的。前者对于旋转很敏感。后者对于轮廓线不封闭的字符图像不适用，因此很难用于笔画断裂的字符的识别。

（6）笔画密度特征法。

笔画密度的描述有许多种，本书采用如下定义：字符图像某一特定范围的笔画密度是在该范围内，扫描线沿水平、垂直或对角线方向扫描时的穿透次数。这种特征描述了汉字的各部分笔画的疏密程度，提供了比较完整的信息。在图像质量可以保证的前提下，这种特征相当稳定。在脱机手写体的识别中也经常用到这种特征。但是在字符内部笔画粘连时误差较大。

（7）外围特征。

汉字的轮廓包含了丰富的特征，即使在字符内部笔画粘连的情况下，轮廓部分的信息也还是比较完整的。这种特征非常适用于作为粗分类的特征。

（8）基于微结构特征的方法。

这种方法的出发点在于：汉字是由笔画组成的，而笔画是由一定方向、一定位置关系与长宽比的矩形段组成的。这些矩形段则称为微结构。利用微结构及微结构之间的关系组成的特征对汉字进行识别，尤其是对于多体汉字的识别，获得了良好的效果。其不足之处是，在内部笔画粘连时，微结构的提取会遇到困难。

统计特征的特点是抗干扰性强，匹配与分类的算法简单、易于实现。不足之处是细分能力较弱，区分相似字的能力相对差。

3. 统计识别与结构识别的结合

结构模式识别与统计模式识别各有优缺点，这两种方法正在逐渐融合发展。网格化特征就是这种结合的产物。字符图像被均匀地或非均匀地划分为若干区域，称之为"网格"。在每一个网格内寻找各种特征，如笔画点与背景点的比例，交叉点、笔画端点的个数，细化后的笔画的长度、网格部分的笔画密度等。特征的统计以网格为单位，即使个别点的统计有误差也不会造成大的影响，增强了特征的抗干扰性，目前这种方法正得到日益广泛的应用。

4. 人工神经网络

在英文字母与数字的识别等类别数目较少的分类问题中，常常将字符的图像点阵直接作为神经网络的输入。不同于传统的模式识别方法，在这种情况下，神经网络所"提取"的特征并无明显的物理含义，而是储存在神经物理中各个神经元的连接之中，省去了由人来决定特征提取的方法与实现过程。从这个意义上来说，人工神经网络提供了一种"字符自动识别"的可能性。此外，人工神经网络分类器是一种非线性的分类器，它可以为提供我们很难想象到的、复杂的类间分界面，这也为复杂分类问题的解决提供了一种可能的方式。

目前，对于像汉字识别这样超多类的分类问题，人工神经网络的规模会很大，结构也很复杂，还远未达到实用的程度。其中的原因很多，主要的原因在于对人脑的工作方式以及人工神经网络本身的许多问题还没有找到完美的答案。

下面以识别数字 0 ~ 9 为例，给出一种具体的识别方法。识别过程包括数字端点数提取、数字编码、识别三个阶段。

（1）数字"端点数"的计算。

像素为端点的条件是在其 8 邻域中白色像素的个数只有一个。计算数字满足端点条件的像素个数即为该数字的端点数。端点数为 0 的数字包括 0、8；端点数为 1 的数字包括 6、9；端点数为 2 的数字包括 1、2、3、4、5 和 7。

（2）数字的编码。

数字的编码采用方向链码表示方法。数字编码的起始点为从上向下扫描时最先遇到的端点。对于没有端点的数字（0，8），以最上面的像素作为起始点。编码后的数字在后续的识别阶段，用来与事先准备好的局部模式进行匹配。

（3）识别。

将经过编码的数字与事先存储好的局部模式进行匹配，就可确定出该编码数字对应的数字。

第三节 人脸识别

一、人脸识别系统

人脸识别问题一般可以描述为：给定一个场景的静止或视频图像，利用已存储的人脸数据库确认场景中的一个或多个人。与一般的图像识别过程类似，人脸识别系统主要包括以下五个部分：人脸检测与定位、人脸图像预处理、人脸图像特征提取、分类器设计以及人脸图像识别。

（1）人脸检测与定位。对静态数字图像或者动态视频中的人脸进行检测并提取出来。首先进行的是检测图像或视频中是否包含待识别的人脸，如有则需要再次确定该人脸在图像或视频中出现的位置及尺寸。

（2）人脸图像预处理。由于图像采集时光照强度差异、周围环境不同、采集设备等因素的影响，导致所提取的人脸大小、位置、方向等有所差异，因此为了保证人脸识别的准确性，需要对人脸图像进行一些处理，包括图像校正、图像增强、图像去噪等。

（3）人脸图像特征提取。寻找人脸中相对稳定的成分，找出不同人脸图像中较大差异的成分。使提取到的图像特征具有良好的识别度、更高的可靠性和健壮性等特点。在不同维数的空间中，我们将人脸图像看作是一个点，通过特征提取，运算量大幅度减小的同时也降低运算难度，通常先通过投影的方法将较高维数的人脸图像在维数较低的空间中表示。

（4）分类器设计。分类器的作用就是在对人脸图像进行特征提取之后，通过对比待测人脸和各个训练样本之间的特征相似度的大小来对待测样本进行分类。例如，可以通过计算样本之间的空间距离或者角度来确定相似度的大小。最近邻分类器、支持向量机分类器、基于神经网络的分类器都是近年在人脸识别算法中常用的分类器。

（5）人脸图像识别。这是整个人脸识别系统的最后一个步骤，通过前面所提取的人脸特征和原有的数据库人脸特征进行对比，以判别待测人脸是否属于某个人脸库，如果属于，进而判别属于哪张人脸。

二、人脸识别算法

（一）基于几何特征的识别方法

基于几何特征的识别方法在面部识别中的应用最早，对于人类面部区域的生物特征先验知识有较大依赖。主要原理是获取人脸区域之中的基本器官分布特征，如人的五官、面部形状以及其相对位置等特征，将这些数据集成为特征向量数据，基于这些特征向量的相对关系、数据结构进行识别。

（二）基于统计特征的识别方法

这类方法主要依据统计的数据进行面部识别，其中包括特征脸、支持向量机与隐马尔可夫面部识别等。

最为经典的是特征脸方法，且被广泛应用，它将面部区域提取的向量经过统计数据的算法变换获得特征表示，对面部特征进行表述识别。支持向量机识别算法优于上述特征脸方法的识别效果。对于实时识别而言，算法计算复杂度较高，并且识别速度不高。隐马尔可夫的面部识别方法主要基于模型，将面部五官等数据的提取特征和状态迁移的隐马尔可夫模型进行关联。这种方法的识别效果较好，而且针对面部识别人脸姿态变化的影响方面有很好的适应性和健壮性，主要困难在于应用实现的过程复杂。

（三）基于弹性图匹配的识别算法

这种方法的基本思想是基于动态的链接结构，对于需要识别的源图像分析出最为接近的模型，利用数据顶点、向量，对面部位置数据进行存储分析，之后对于模型图的节点进行运算匹配，据此进行面部识别。

该算法对面部的局部特征更为重视，受源图像的光线条件、图像大小等因素的影响较小，在这方面比特征脸算法更加有优势。其局限性：在计算过程中忽略了面部图像变形，在排除干扰的同时，将图像内容转化为简单的向量特征，对于面部十分明显的特征难以正确得到；时间与空间占用量相对较多。

（四）基于神经网络的人脸识别

人工神经网络在人脸识别方面也有很大的应用价值。在进行面部识别时，可将面部特征数据输入网络结构，通过神经网络的相关参数获得面部识别的分类训练结果，以此进行面部识别。

早期的神经网络算法采用自联想的基于映射的算法，之后发展了基于级联分类器训练思想的面部识别算法，对于待识别的面部图像有损毁的情况有非常好的适应性。相关的神经网络算法近年来在面部识别中应用广泛，在健壮性、交互便捷等方面都有优势，并且也可以较好地排除光线条件、图像缩放等的干扰。其缺点是在区分度方面的效果并不好，而且在训练分析上要花费大量时间，效率不高。

自深度学习神经网络出现后，这种方法不但取代了上述方法，而且成为应用最为广泛的识别算法。

三、人脸识别应用——人机交互

当前人们对人机交互的需求越来越强烈。在人们面对面的交流过程中，面部表情和其他肢体动作不但能够传达非语言的信息，而且这些信息能够作为语言的辅助，帮助听者推断出说话人的意图。而人脸表情是一种能够表达人类认知、情绪和状态的手段，它包含了众多的个体行为信息，是个体特征的一种复杂表达集合，而这些特征往往与人的精神状态、情感状态、健康状态等因素有着极为密切的关系。

智能人机交互（Intelligent Human-Computer Interaction）的初衷是摆脱机器或者计算机对人手动输入的局限，将图像作为人机交互平台的输入数据，使计算机分析理解图像帮助计算机理解人类的真实意图，从而实现更加高效地实现与人类的自然交互。计算机可以准确高效地识别人脸表情，这对于实现自然和谐的人机交互系统有着极大的推进作用。

人类的表情可以概括为七种基本的类别，即高兴、悲伤、愤怒、恐惧、惊讶、厌恶和中性。人脸可划分成44个运动单元（Action Unit，AU），这些不同的AU组合起来用于描述不同的人脸表情动作，这些AU展现了人脸运动与表情的联系。

人脸表情识别过程一般包括三步：第一步是人脸检测与预处理；第二步是表情特征提取；第三步是表情分类。

要进行人脸表情识别，首先要对图片中的人脸进行检测与预处理，也就是要从图片中定位到人脸的存在，校正到表情特征并提取合适的尺寸等。这主要包括图像的旋转校正、人脸定位、表情图像的尺度归一等内容。然后从人脸表情图像中提取表情特征，提取特征的质量直接关系下一步分类识别率的高低。在人脸表情特征提取中，为了有效防止维数危机并降低运算难度，一般还涉及特征降维和特征分解等步骤。最后一步是人脸表情分类，根据特征之间的区别，对人脸图像进行分类，具体的类别就是上面提到的七种基本表情。

虽然人类大脑从上百万年前就开始拥有了人脸识别的能力，人类从复杂背景中识别人脸相当容易，但对计算机来说，在人机交互中，人脸自动识别却是一个十分困难的问题，主要表现在以下几个方面。

（1）每个人的脸部结构都是相似的，如每张人脸都有眼睛、鼻子、嘴巴等，且都按照一定的空间结构分布，这对于利用人脸结构区分人类个体的计算机并不利，还有一些特殊情况，如双胞胎甚至多胞胎。

（2）光线变化的问题。光线变化对人脸识别效果的影响比较大，如果光线的强度、颜色、方向等这些外在因素达不到特定的要求，就会对识别效果产生一定的影响。

（3）遮挡物问题。人脸识别被广泛应用在各种公共场合，所以在采集人脸时难免会遇到面部被帽子、围巾、眼镜、口罩等其他装饰品遮挡的问题。还有人脸的一些非固定的特征，如假发、胡须、整容等行为，也使人脸检测和识别变得困难。

（4）人脸面部表情和姿态问题。采集正面人脸时，在面对各种姿态和不同面部表情的情况下人脸识别出来的结果是不尽相同的，此外当人脸面部表情显得相对夸张时，人脸的识别率变化会更加明显。所以，如何在识别中降低表情对识别率的影响是一个重要的研究方向。

（5）采集人脸图像的质量问题。目前许多对人脸识别的研究，都是通过已经处理好的或者现成的人脸库进行的，这些人脸库是在条件很好的环境下录制的，而实际应用中由于设备或环境因素的约束，会导致拍摄的人脸图片不清晰或者像素较低，最终会对识别结果有一定的影响。

总之，即使目前一些在商业领域较为成熟的人脸识别系统，其识别结果仍受到很多内在和外在因素的干扰，如图像采集时需要待测人员适当的配合，还需要一个比较良好的环境。

第四节　指纹识别系统

由于指纹具有终生的稳定性和惊人的特殊性，很早以前在身份鉴别方面就得到了应用，且被尊为"物证之首"。因此，本节首先介绍指纹的基本特征，然后介绍指纹识别系统。

一、指纹的基本特征

指纹识别中，通常采用全局和局部两种层次的结构特征。全局特征是指用肉眼可以直接观察到的特征，局部特征则是指纹纹路上的节点的特征。因为指纹纹路经常出现中断、分叉或打折，所以形成了许多节点。两枚指纹可能会具有相同的全局特征，但它们的局部特征却不可能完全相同。

（一）全局特征

全局特征描述的是指纹的总体纹路结构，具体包括纹形、模式区、核心区、三角点和纹数五个特征。

1. 纹形

纹形可分为箕形、弓形和斗形三种基本类型，所有的指纹图案都基于这三种基本图案。

2. 模式区

模式区是指指纹上包括了总体特征的区域，即从模式区就能够分辨出指纹所属类型。有的指纹识别算法只使用模式区的数据，而有的指纹识别算法则需使用完整指纹而不仅仅是进行模式的分析和识别。

3. 核心区

核心区位于指纹纹路的渐进中心，在读取指纹和比对指纹时作为参考点。许多算法都是依据基本核心点的，即只能处理和识别具有核心点的指纹。

4. 三角点

三角点位于从核心点开始的第一个分叉点或者断点，或者两条纹路会聚处、孤立点、折转处，或者指向这些奇异点，三角点提供了指纹纹路计数跟踪的起始位置。

5. 纹数

纹数是模式区内指纹纹路的数量。在计算指纹的纹数时，一般先连接核心点和三角点，这条连线与指纹纹路相交的数量即可认为是指纹的纹数。

（二）局部特征

局部特征是指指纹纹路上的节点的特征。这些特征提供了指纹唯一性的确认信息。人们根据纹路的局部结构特征共定义了大概 150 种细节特征，即分叉点和端点，其他细节特征都可以用它们的组合来表示。

①起点：一条纹路的开始位置。

②终点：一条纹路的终结位置。

③短纹：一段较短但不至于成为一点的纹路，亦称小棒。

④分叉点：一条纹路分开成为两条或更多条纹路的位置。

⑤结合点：两条或更多条纹路合并成为一条纹路的位置。

⑥环：一条纹路分开成为两条之后，又合并成为一条，这样形成的一个小环也称为小眼。

⑦小勾：一条纹路打折改变方向。

⑧小桥：连接两个纹路的短纹。

⑨孤立点：一条特别短的纹路，以至于成为一点。

二、指纹识别系统简介

一个典型的指纹识别系统包括指纹采集、图像预处理、特征提取、特征匹配和数据库五个模块。各模块简介如下。

（一）指纹图像的获取

现有指纹图像获取设备包括三类：光学取像设备、晶体传感器和超声波扫描。

1. 光学取像设备

光学取像设备依据的原理是光的全反射。光线照到压有指纹的玻璃表面，反射光线由 CCD 获取，反射光的量依赖于压在玻璃表面上指纹的脊和谷的深度和皮肤与玻璃间的油脂和水分。光线经玻璃射到谷的地方后在玻璃和空气的界面发生全反射，光线被反射到 CCD，而射向脊的光线不发生全反射，而是被脊与玻璃接触面吸收或者漫反射到别的地方，这样就在 CCD 上形成了指纹的图像。由于光学设备的革新，其体积不断变小，在 20 世纪 90 年代中期，传感器可以装在 $6 \times 3 \times 6$ 英寸（In，1In=2.54cm）的盒子里，在不久的将来其体积可以减至 $3 \times 1 \times 1$ 英寸。这些进展取决于多种光学技术的发展。

2. 晶体传感器

晶体传感器有多种类型，最常见的硅电容传感器则是通过电子度量计来捕捉指纹。另一种晶体传感器是压感式的，其表面的顶层是具有弹性的压感介质材料，它是依照指纹的外表形状（凹凸）转化为相应的电子信号。其他的晶体传感器还有温度感应传感器，通过感应压在设备上的脊和远离设备的谷的温度的不同获得指纹图像。晶体传感器技术最主要的弱点在于，它容易受到静电的影响，这使得晶体传感器有时取不到图像，甚至会被损坏。另外，它并不像玻璃一样耐磨损，从而影响了使用寿命。

3. 超声波扫描

超声波扫描被认为是指纹取像技术中非常好的一种技术。超声波首先扫描指纹的表面，紧接着，接收设备获取了其反射信号，测量它的范围，得到谷的深度。与光学扫描不同，积累在皮肤上的脏物和油脂对超声波获得的图像影响不大，所以这样的图像是实际指纹凹凸表面的真实反映，应用起来更为方便。

（二）图像预处理

指纹采集设备所获得的原始图像有很多噪声，比如手指被弄脏，手指有刀伤、疤痕，手指干燥、湿润或撕破等都会影响图像的质量。图像预处理的目的就是消除噪声，增强脊和谷的对比度。图像预处理部分包括以下步骤：图像裁剪、平滑处理、锐化处理、图像二值化、图像修饰和细化。

1. 图像裁剪

将原始指纹图像应用一定的算法进行剪切，在基本不损失有用的指纹信息的基础上产生一个比原始图像小的指纹图像，这样可减少以后各步骤中所要处理的图像的数据量。

2. 平滑处理

平滑处理的任务就是去除噪声干扰，而又不使图像失真。

首先，对图像进行空间低通滤波去噪，经试验采用 3×3 的模板 $\frac{1}{10}\begin{bmatrix} 1 & 1 & 1 \\ 1 & 2 & 1 \\ 1 & 1 & 1 \end{bmatrix}$ 效果好。其次，采用式（7-2）多图像取均值的方法，可进一步削弱噪声。

$$f(x,y) = \frac{1}{n}\left[\sum_{k=1}^{n} f_k(x,y) \right] \qquad （7-2）$$

式中，$f_k(x,y)$ 为第 k 幅图像（x, y）像元的灰度值。一般情况下，当 $n = 4$ 时稳定。

3. 锐化处理

锐化是为强化指纹纹线间的界线，突出边缘信息，增强脊和谷之间的对比度，以利于二值化。试验表明，采用 7×7 的模板进行锐化是比较适宜的。

4. 图像二值化

对于锐化的指纹图像，其直方图有明显的双峰，故易于对选取的阈值进行指纹图像二值化。

5. 修饰处理

指纹图像经过二值化后，纹线边缘往往凹凸不齐，受锐化的影响，画面出现离散点。为使图像整洁，边缘圆滑，需要对其进行修饰处理。

6. 细化处理

由于所关心的不是纹线的粗细，而是纹线的有无。因此，在不破坏图像连通性的情况下必须去掉多余的信息。为此需要采用半旋转式的细化方法，抽取纹线骨架。

（三）指纹的识别与分类

1. 定位

指纹定位是正确识别指纹的必要措施，任何的扭摆、错位都会造成误判。指纹定位有人工定位和自动定位两种方法。这里采用人工查对指纹所遵循的一套规则（如指纹三角点、中心点的确定等）进行人工定位。实际上，这项工作在指纹摄入时就已经进行了。

人工定位按输入指纹箕、斗和弓形纹进行定位，就可以迅速、准确地定位给定指纹，并由输入程序把该指纹图像送到计算机中。自动定位则由计算机确定相应的三角点及中心点，并经过适当的平移与旋转，达到匹配定位的目的。

2. 特征的选择

全力找出指纹纹理特征的奇异所在，可使识别过程大大简化。分析指纹的这些奇异细节，可归纳为九种情况：起点、终点、小桥、小眼、小钩、小点、小棒、分歧和结合。进一步分析又可把它们合并为端点和分叉这两个特征。这些简化既有利于计算机进行特征提取，又可节省大量的存储空间。

方向数也是表征指纹纹理的重要参数。由于纹线走向在定位后已经固定，因而累计的方向数也固定了下来。尽管由于定位、量化等原因而出现一些差异，但同一指纹方向数的总趋势是一样的，可达到较高的吻合度。

在反复试验的基础上，选择端点、分叉和方向数作为特征。

3. 分区与提取

对已定位的图像，就可直接分区进行特征提取。区的数量视定位的精确度及处理的效果而定。一方面，区的数量不宜过多，这样，一旦稍有较大定位误差，就引起各区参数混乱，造成误判；当然，也不宜过少，它可造成整个系统的识别率下降。

将指纹图像划分为纵横 8×4 的 32 个区，特征是按区域抽取的。把各区的特征量按序构成"指纹字"，用以表征给定指纹，并以此作为指纹库进行查对的基本单位。

由于提取特征是根据预处理后的图像进行的，图像的微小变化（如边缘不齐等）都会影响识别效果，因此必须建立正确的提取规则。如对于分叉特征，先由八方向探索，判别有无三个分叉点，再考虑每个分叉的步数。建立各个分叉中每叉判三步走通为成功、反之为失败的规则，就可有三种情况：每叉均为成功，记为分叉；有一叉失败，不记；两叉失败，记为端点。对于伪端点，不难从端点的类型（始、终点）、步长及分叉的关系中找出相对已定位的图像，再将规则进行处理。

4. 指纹的分类

人工分类法目前比较成熟的方法是把指纹分为三型共九类，即弓（弧形和帐形）、箕（正箕和反箕）、斗（环形、螺形、双箕形、囊形和杂形）。这远远不能满足分类的需要，而且计算机也难以实现。为此，必须寻求新的分类法。采用下面三级分类方法是可行的。

①大分类：由操作者通过人机会话告诉计算机是何种纹型，如弓、箕或斗。

②中分类：利用图像的总累计方向数，把同一类指纹进一步分成若干组。

③小分类：利用指纹纹理的不对称性，如上（或左）半部与下（或右）半部的累积方向数之比，进一步把同一组指纹分成若干部分。

由此所形成大、中和小分类信息就构成了"类别号"，它是到指纹库进行查对的依据。

三、指纹库的建立与查对

指纹库是对指纹进行有效存储、管理的系统。根据数据库的一些设计思想和结构方法，采用分层模型和模块结构，并与上述的识别与分类有机地结合起来，可迅速、有效地查对指纹。

指纹经过识别和分类，形成了"指纹字""类别号"及指纹的分类层次。指纹查对是按照给定的"指纹字"到指纹库去查对有无该指纹。查对包括检索、删除及插入等操作。

目前指纹识别系统具有简单、快速、有效及交互方便等特点。已被用于中、小城市的指纹卡管理，公安、票证稽查等方面业务。

第八章　智能图像的网络传输

第一节　通信网基础

简单来说，多用户互连的通信体系称为通信网。通信网按其业务不同可分为电话通信网、计算机通信网、数据通信网、移动通信网及广播电视网等；按其通信范围的不同可分为局域网（LAN）、城域网（MAN）、广域网（WAN）等；按其传输介质不同可分为微波通信网、光纤通信网、同轴电缆通信网、无线通信网等。但是在讨论通信网络时，我们往往注重网络中最基本的本质内容，如网络的拓扑结构、网络的通信质量、网络的种类、信息的交换和传输方式等。

一、拓扑结构和服务质量

（一）常见的网络拓扑

按通信网络链路的拓扑形状来分类，主要有以下几种形式，如图8-1所示，从左到右分别为网状网、星状网、树状网、环状网、总线网等。其中圆点表示通信节点，连线表示通信线路。在实际应用中，常常将多种网络拓扑结构混合使用，从而产生了结构复杂的通信网络。

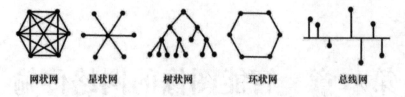

网状网　　　星状网　　　树状网　　　环状网　　　　总线网

图 8-1　网络的拓扑分类

（二）通信服务质量

表征通信网络性能的重要指标之一就是通信服务质量（Quality of Service，QoS），它不但包含多个层面的内容，而且是网络效果的主要技术参数，并用于描述通信双方的传输质量。制定 QoS 的最终的目标是让终端用户在通信服务中获得最好的用户感受。

QoS 基本参数包括网络传输的吞吐率、稳定性、安全性、可靠性、传输延迟、抖动、拥塞率、丢包率等。不同的系统和不同的应用强调的参数往往不同。QoS参数的设置一般采用分层方式，不同层的参数有不同的表现形式。例如，用户层中，针对音频、视频信息的采集和显示，QoS 参数表现为采样率和每秒帧数。在网络层中，QoS 表现为传输码率、传输延迟等表示传输质量的参数。在描述网络管理的 QoS 时，应主要考虑网络资源的共享、参数的动态管理和重组等。

二、信息交换方式

我们知道，对具有 n 个节点的通信网中的某一点而言，它为了能和其他各点通信，必须具有 $n-1$ 条线路通向其他 $n-1$ 个点，整个网络就必须有 $n(n-1)/2$ 条线路，当 n 较大时，这将是一个庞大的数字。在实际的通信系统中，往往采取其他办法来减少这些点之间的连接。例如，我们可以在网络中设立一个交换中心，各个点的信息都经过交换中心向其他点传送，只需要 n 条线路就可以解决问题，并可以大大节省通信线路，这就是信息交换最基本的原理。可见，以何种方式来实现信息交换，是现代通信系统的核心技术之一。它们的基本任务就是提供信息流动的通路，完成用户信息、控制信息的交互。

目前，通信网应用的主要交换方式有三种：电路交换、报文交换和分组交换。

（一）电路交换

在电路交换（Circuit Switching）中，需要为一对用户的通信建立一条专用的传输通路，并在整个通信过程中一直维持不变。这里要强调的是，连接通信双方的是一条实际的物理电路。电路交换的通信过程可分为三个步骤：首先是线路建立，通信双方按一定的通信规程进行呼叫和应答，如果电路空闲，则完成了本次通信线路的建立；其次是信息传送，在双方线路建立以后，双方（或单方）的信息就可以通过这条电路进行信息传送；最后是线路的拆除，在双方完成了相互通信以后，可由其中任意一方来进行线路的拆除工作，一旦线路拆除后，这条线路就可以为其他的通信过程所占用。

电路交换包括空分交换和时分交换两种方式。空分方法比较简单，不同的通信信道占用不同空间的电路。而在时分交换系统中，多路信息是以时分的方式进行复用的，也称为时分复用（Time Division Multiplexing，TDM），它把一条线路按时间划分为若干相等的片段，也称为时隙（Time Slot，TS）。每相继的 n 个时隙组成一帧，一帧的 n 个时隙可分配给 n 个用户。尽管只有一条线路，但这条线路通过时间分割，可供 n 个用户同时使用，这就是时分复用数字通信系统的基本原理。

电路交换效率较低，信道在连接期间是专用的，即使没有信息发送，也不能利用。此外通信的建立和拆除也要耗费一定的时间。但这种交换方式双方通信的时延很小，能为对端通信的用户提供可靠的带宽保证，非常适用于图像、语音、高速数据等实时通信场合。传统的电信网大多采用电路交换方式。

（二）报文交换

报文交换（Message Switching）是一种适合于数据信息传输的交换方式。在报文交换网络中，每个报文（如电报、文件）都作为一个独立传输的信息实体。在准备发送报文之前，在用户报文前加上报头，标明该信息的目的地址、源地址等。在传输过程中，报文暂时存储在交换节点的缓存区内，等到有合适的输出线路时再发送出去。这种"存储—转发"的交换方式在以往的公共电报网中得到广泛的应用，如电报、财务报表、电子邮件、计算机文件以及信息查询等业务都可以报文交换的方式进行。

报文交换由于用户不是固定连接，一个信道可为多个报文用户所使用，线路利用率高，可平滑线路业务量的峰值，可将一份报文复制并多地投递；报文交换系统中具有传输差错控制，可采用遇错重发机制来保证报文的正确传输，因此可靠性较高。

当然，报文交换也有它的不足之处，因为这种网络传输的延时相对较长，并且延迟的长短变化较大，所以它不能用于语音、视频等实时信息的通信，也不适合会话式终端到主机的连接。实际上报文交换是从电路交换向分组交换的一种过渡，如果将报文细拆为更小的分组，就可以考虑下面所说的分组交换的概念。

（三）分组交换

分组交换（Packet Switching）属于"存储—转发"方式的交换，它把要传送的数据分解成若干个较短的信息单位——分组或信息包，对每个分组附加上地址信息、传输控制信息、校验信息及表示各分组头尾的标志信息。故要先把这些要传送的分组或信息包存储起来，然后等到线路有空闲时再发送出去，传至接收端。显然，它是一种非实时的交换方式。在通信线路中，数据分组作为一个整体进行交换。在传输时，各个分组可以断续地传送，也可以经不同的途径送到目的地，到达目的地的顺序也是不确定的。分组达到收信目的地点后，再把它们按原来的顺序装配起来。由于数据分组的长度固定，分组交换以分组作为存储、处理和传输的单位，能够节省缓冲存储器容量，降低交换设备的费用，缩短处理时间，提高了信息传输速率。在分组交换中，暂存的分组仅仅是为了校正错误，一旦分组已被接收方确认无误就会立即把它从转发存储器中清除出去。

分组交换方式主要有两个优点：一是多用户可以同时共享线路（统计时分复用），提高了线路利用率，降低通信费用；二是能自适应地为各个信息包选择路由。

由于分组交换具有上述优越性，因而数据网、因特网、计算机网都采用分组交换的方式。不仅如此，以往一直采用电路交换方式的电话等业务现在也已采用分组交换方式了，这已成为通信发展的一大趋势。

三、三种通信网络

"三网融合"里的三种通信网分别是公共电信网、计算机网和广播电视网，这"三网"和图像通信密切相关，下面逐一简单介绍。

（一）公共电信网

虽然公共电信网能传送多种业务，但是其主体业务仍然是电话。公用交换电话网（Public Switched Telephone Network，PSTN）是公共电信网中规模最大、历史最长的基础网络。该网络的终端设备主要是普通模拟电话机，传输的信号带宽频率在 300 Hz ~ 3.4 kHz 之间，语音信息可通传输线路和交换设备进行互传。

现在的电话网以模拟设备为主的情况已经发生了根本性的变化，数字传输设备和数字交换设备，替代了以往的模拟设备，使公用电话网已经成为一个以数字通信为主体的网络。但是，由于在传输中占比例最大的用户线路上传输的仍然是模拟语音信号，这给在公用电话网上传输数字信息带来了一定的困难。为了解决这一问题，一种经济实用的办法就是采用 ADSL（非对称数字用户线）技术为广大用户提供一种数据接入方式，它无须很大规模改造现有的电信网络，只需在用户端接入 ADSL-Modem，便可提供准宽带数据服务和传统语音服务，且两种业务互不影响。

（二）计算机通信网

计算机通信网中，最常见的有局域网（Local Area Network，LAN）、城域网（Metropolitan Area Network，MAN）、广域网（Wide Area Network WAN）以及世界上最大的计算机互联网络 Internet。在这些网络中，局域网是基础，广域网、城域网、Internet 都是由若干局域网通过电信网及相关的通信协议互联而成的。

1. 局域网

局域网是在一定的范围内将多台计算机及其他设备连接在一起，可以使它们相互通信、共享资源的一种数据通信系统。在局域网中，所有的工作站（计算机）和资源都连接到文件服务器上。局域网一般采用分布式处理，应用程序在本地工作站的内存中运行，数据文件、程序文件和打印机等外围设备都可得到共享。局域网具有安装容易、服务范围广、应用独立性强、易于维护和管理等优点。

局域网中最初出现的是以太网，以 10 Mbit/s 速率进行基带传输。光纤传输介质的使用，使局域网络的传输速率在 100 Mbit/s、1 Gbit/s 以上，故成为高速局域网，但其体系结构仍和基本 LAN 一样。

2. 城域网和宽带城域网

城域网的地理覆盖范围大约为一个城市，通信距离约为 50 km，通信速率可超过 100 Mbit/s，它由互联的局域网组成。通过城域网，可以实现数以万计的个人计算机、工作站和局域网的互联。城域网本身具有开放性，城域网的用户不仅可以从本网中获得高质量的数据服务，还可以通过城域网访问广域网。

IP 宽带城域网是近几年来城域网朝宽带、综合化方向发展的产物。它是以 TCP/IP 协议为基础并具有高速传输和交换能力的 IP 网。它支持各种宽带接入、保证服务质量，是综合数据、语音、视频服务于一体的网络平台，可为城市的企事业单位和居民提供多种业务。典型的 IP 城域网应用包括信息化智能小区、商业楼（区）、校园网和企业网等。

3. 广域网

广域网是一个松散定义的计算机网络，它是指一组在地域相隔较远、但逻辑上连成一体的计算机系统。用于广域网通信的传输装置和介质一般是由远程电信网络提供的，距离可以遍于一个城市或全国，甚至国际范围。现在十分普及的因特网不是独立的网络，也可算作广域网的一种。它将为数众多的、类型各异物理网络（如局域网、城域网和广域网）互联，通过高层协议实现不同类型网络间的通信。

（三）广播电视网

早期的模拟广播电视功能单一，仅通过无线方式单向、广播方式地向用户提供电视节目，基本上谈不上"网"的概念。随后，广播电视逐渐向有线电视发展，但主要是以单向、树型网络方式连接到终端用户，虽然提高了用户收视质量，但用户只能被动地选择接收。近年来经过数字化、双向化和宽带化改造，广播电视已经成为一张名副其实的以传送数字电视为主要业务的现代数字通信网，具有自己的骨干网、接入网和网管系统。这样的数字广播电视网普及率高、接入带宽较宽、掌握海量视频资源。现在，广播电视网的目标就是将现有的电视网全面改造成为双向交互式网络，可以传送各种媒体信息，正在向现代通信网络的方向发展。

四、信息传输方式

在通信中，目前最常用的信息传输方式有以下几种：普通导线传输（电话线）、微波传输、卫星传输、同轴电缆和 HFC 传输、无线传输、光纤和光传输等。

（一）普通导线传输

用普通的铜芯导线作为信息传输媒介（如电话网）的应用广泛，历史悠久。在铜导线类媒介中，有两种最常见的类型。

一种是平行双导线。平行双导线彼此是相互绝缘的，适用于连接近距离（10 ~ 100 m）的低速通信设备。所使用的两条线中，通常一根为地线，另一根用来传输电信号的电压或电流。还可以使用多根平行导线来传输多路信号，如多芯电缆和扁平电缆。显然这样的传输方式容易引起导线之间的不必要的耦合，同时也对自由空间进行电磁辐射。一方面会对别的设备产生干扰，另一方面也难以抗御来自其他设备的干扰。

另一种是双绞线。双绞线就是把两根导线紧紧地绞合在一起。外部干扰源对双绞线产生的干扰被两根线同时接收，结果使所产生的感应信号有一部分被抵消而大为减弱，因而双绞线比平行双导线的抗干扰能力更强。同理，双绞线对外界的干扰也比平行双导线小。

双绞线传输一般用于频带较窄或速率较低的基带信号的传输，且传输距离较短，因此其使用受到一定的限制。目前，由于 ADSL（非对称数字用户线）、HDSL（高速数字用户线）和 VDSL（超高速数字用户线）技术的发展，在用户双绞线上也可传输高达数 10 Mbit/s 的图像信息。

（二）微波传输

在微波传输中，采用波长在 5 ~ 20 cm 数量级的微波波段信号进行通信。微波信号几乎按直线传播，因此可以通过抛物线形状的天线将它们聚集成窄窄的一束，从而获得极高的信噪比，但是发射端和接收端的天线必须精确地相互对齐。由于微波只在视距范围内传播，如果要进行长距离的传输，必须采用接力传送的方式，将信号多次转发，这就是微波中继。相邻两微波站之间的距离一般为 50 km 左右。

（三）卫星传输

卫星传输可算是一种特殊的微波传输，主要是利用同步卫星作中继站。在数字传输时，常采用 MPSK 和 MQAM 方式，载波频段常选 4/6 GHz、12/14 GHz 等，其带宽约为 500 MHz。同步卫星距地面大约 40 000 km，使用地球覆盖天线时（夹角为 17.3°）可覆盖地球上 1/3 的区域，因此用三颗同步卫星就可以实现全球通信。

卫星传输中应用较为广泛和灵活的甚小口径终端站（Very Small Aperture Terminal，VSAT）是一种工作在 Ku 频段（11 ～ 14 GHz）或 C 频段（4 ～ 6 GHz）的小型卫星地面站。VSAT 的特点是天线口径很小（一般为 0.3 ～ 2.4 m），设备结构紧凑，误码率低，安装方便，受环境影响小，较适合边远地区或临时使用。VSAT 利用通信卫星转发器，通过本站控制，按需向 VSAT 网站用户提供各种通信信道，实现数据、话音、图像等多种通信。

（四）同轴电缆和 HFC 传输

同轴电缆因其允许频带较宽，因而常用于图像信号的传输。在长距离传输中，光纤传输已基本取代同轴电缆。在短距离传输中，往往采用光纤同轴混合系统（Hybrid Fiber Coaxial，HFC），满足用户对高速宽带视频传输的需求。HFC 系统的主干线用光纤传输，用户线则利用现有的 CATV 同轴电缆。HFC 成本较低且实施比较容易，可提供综合宽带业务，如 Internet、电话、数据、数字视频、VOD 等。

从 HFC 网络中心局发射出的信号被加载到光纤上然后传送到靠近用户小区的光电节点，可服务于几百个住户。信号在节点进行光电转换后，经同轴电缆送到网络用户接口单元（NIU）。NIU 放在住户家中或附近，每一个 NIU 服务一个家庭。NIU 将信号分解成一路电话信号、一路数据信号和一路视频信号后送至用户设备（电话机、电视机和计算机）。常见的 HFC 系统有 550 MHz、750 MHz 以及 1 GHz 宽带的几种，其中 750 MHz 较为典型。

（五）无线传输

利用有线传输组网往往会因地理环境或流动性等原因不容易实现。此时采用无线传输便可以有效地克服这些不足，实现无线数据通信的组网，如中波、短波、超短波通信网，微波中继通信网等。目前，无线数据网有以地面区域及蜂窝服务设计的网，也有以微小区设计的无线局域或广域计算机网。

移动通信是最大的无线传输网络，现在第 5 代宽带数字移动通信（简称 5 G）正在普及。在 5G 系统中，采用了先进的 OFDM 调制技术、多输入多输出（MIMO）天线收发分集技术和软件无线电（SDR）技术，用户的速率可以做到下行 100 Mbit/s、上行 50 Mbit/s 或更高。

（六）光纤和光传输

与无线电波相似，光在本质上也是一种电磁波，只是它的波长要比普通的电磁波波长短很多（300 ptm ~ 600 nm）。在光纤传输系统中，传输媒体就是光导纤维（Optical Fiber），简称光纤，它由纤芯和包层两部分组成。由于纤芯和包层的折射率不同且纤芯的折射率大于包层的折射率，于是光波就沿着纤芯传播。与同轴电缆传输相比，光纤传输的速率高、距离远、抗干扰能力强。速率高是由于光频率很高，以波长为 1.3 pm 的光纤为例，传输速率可达 200 Gbit/s，因此频带很宽；距离远是因为光在光纤中传输的衰损耗减小，一般说光纤的无中继传输距离比同轴电缆要大3倍以上。光纤是非金属光导纤维，因此不会产生电磁感应，能在强电磁干扰环境中很好地工作。

信息以激光束为载波，沿大气传播。它不需要铺设线路，设备较轻便，不受电磁干扰，保密性好，传输信息量大，可传输声音、数据、图像等信息。但是大气激光通信易受气候和外界环境的影响，一般用作河流、山谷、沙漠地区及海岛间的视距通信。

五、下一代网络

随着大数据（Big Data）时代的到来，网络负荷不断增大，业务需求趋于多样化，这对在传统通信网络基础上发展起来的数据网络是难以承受的。在这样的背景下，基于软交换（Soft Switch）技术的下一代网络（Next Generation Network，NGN）应运而生。根据国际电联的定义，NGN是基于分组的、提供QoS保证、支持移动性和多媒体业务的开放式宽带网络构架。

（一）NGN的网络和业务特征

广义的NGN是一个较松散的概念，在当前网络基础上有突破性的技术进步可称为下一代网络。尽管不同的网络领域，如电信网、计算机网、移动网等对NGN有不同的内容，但是由NGN的定义可以看出，它具有以下共同的网络和业务特征。

1. 开放式网络结构

NGN采用软交换技术，将传统交换机的功能模块分离为独立网络部件，各部件按相应功能进行划分，独立发展。采用业务与呼叫控制分离、呼叫控制与承载分离技术，实现开放分布式网络结构，使业务独立于网络。通过开放式协议和接口，可灵活、快速地提供业务，用户可自己定义业务特征，而不必关心承载业务的网络形式和终端类型。

2. 高速分组的核心网

NGN 核心承载网采用高速包交换分组传送方式，可实现公共电信网、计算机网和广播电视网三网融合，同时支持语音、数据、视频等业务。

3. 独立的网络控制层

NGN 的网络控制层即软交换，采用独立开放的计算机平台，将呼叫控制从媒体网关中分离出来，通过软件实现基本呼叫控制功能，包括呼叫选路、管理控制和信令互通，使业务提供者可自由结合承载业务与控制协议，提供开放的 API（Application Program Interface），从而使第三方快速、灵活、有效地实现业务的提供。

4. 利用网关实现网络互通

通过接入媒体网关、中继媒体网关和信令网关等，可实现与 PSTN、地面移动网（Mobile Network）、智能网（Intelligent Network，IN）、Internet 等网络的互通，可有效地继承现有网络的业务，融合固定与移动业务，具有通用移动性。

5. 安全和 QoS 保证

普通用户可通过智能分组音终端、多媒体终端接入，通过接入媒体网关、综合接入设备（IAD）来满足用户的语音、数据和视频业务的共存需求。NGN 适应所有管理要求，如应急通信、安全性和私密性等要求，具有端到端 QoS 和透明的传输能力，允许用户自由地接入不同业务的提供商。

（二）NGN 和现有网络的互通

基于软交换技术的 NGN 除了能够实现多运营商 NGN 之间的互通以外，还必须实现与现有网络之间的互通。与现有网络互通方面，NGN 与以电路交换为核心的 PSTN 及移动通信网的互通，均可通过 TMG（中继媒体网关）完成。NGN 与 7 号信令（Signalling System No.7, SS7）网的互通可以通过信令网关（SG）完成。当软交换网络内的用户使用智能网业务时，如卡号业务，NGN 必须实现与智能网的互通，可以通过 TMG 与 PSTN 进行话路互通，PSTN 接入智能网，对软交换系统没有要求；也可以是软交换设备直接接入智能网，这种方式对软交换系统有较高要求，但在网络资源占用、时延等方面具有优势。随着产品、技术、标准和网络运营的不断成熟，NGN 已经成为网络建设的主流。

（三）NGN 的主要协议

为了实现 NGN 的目标，IETF、ITU-T 制定并完善了一系列标准协议，如 H.248 和 Megaco（Media Gateway Control）、SIP（Session Initiation Protocol）、BICC（Bearer Independent Call Control）、SIGTRAN、H.323 等。由于历史原因，NGN 系列协议有些相互补充，有些相互竞争。如媒体网关控制协议 H.248 和 Megaco 为非对等主从协议，与其他协议配合可完成各种 NGN 业务。SIP 和 H.323 为对等协议，存在竞争关系，由于 SIP 具有简单、通用、易于扩展等特性，已逐渐发展成为主流协议。

1.MGCP、H.248/Megaco

H.248/Megaco 分别是 ITU-T 和 IETF 在 MGCP（Media Gateway Control Protocol）的基础上，结合其他媒体网关控制协议特点发展而成的一种媒体网关控制协议，用于媒体网关控制（MGC）和媒体网关（MG）之间的通信。它们的内容基本相同，可以看作是 MGCP 的升级版本。

2.SIP 协议

会话发起协议（SIP）是 IETF 制订 NGN 多方多媒体通信系统框架协议之一，用于软交换、SIP 服务器和 SIP 终端之间的通信控制和信息交互。它是一个基于文本的应用层控制协议，独立于底层传输协议 TCP/UDP/SCTP，用于建立、修改和终止 IP 网上的双方或多方多媒体会话。SIP 支持语音、视频、数据、E-mail、状态、聊天、游戏等业务。

3.BICC 协议

由 ITU-T 制订的 BICC 是"与承载无关的呼叫控制协议"，主要用于软交换与软交换之间的呼叫控制，可以建立、修改和结束呼叫。BICC 解决了呼叫控制和承载控制分离的问题，使呼叫控制信令可在各种网络上承载，包括信息传送部分（Message Transfer Part，MTP）、SS7 网络、ATM 网络、IP 网络。

4.SIGTRAN 协议

SIGTRAN 是 IETF 提出的一套在 IP 网络上传送 PSTN 信令的协议，它用于解决 IP 网络承载 7 号信令的问题，它允许 7 号信令穿过 IP 网络到达目的地。

5.H.323 协议

H.323 是 ITU-T 制订的在分组网络上提供实时音频、视频和数据通信的一套复杂协议，比 SIP、H.248/Megaco 的发展历史更长，其升级和扩展性不是很好。为了与 H.323 网络互通，NGN 必须支持该项协议。

六、软交换

软交换（Soft Switch）是近几年发展起来的一种新的呼叫控制技术，是 NGN 的核心模块，它具有分层体系构架、基于分组传输、能够提供多种接入方式等特点，并能综合提供语音、数据、多媒体业务。

（一）软交换网络的结构

软交换系统由多种设备组成，主要包括软交换设备、中继网关、信令网关、接入网关、媒体服务器、应用服务器等网络设备，以及 IAD、SIP 终端等终端设备。

软交换系统的主要功能包括：媒体网关接入、呼叫控制和业务提供；对用户的认证、授权、计费；对通信的资源控制和 QoS 管理等。软交换系统在功能上可以参考以前 OSI 体系模型。

接入和传输层（Access and Transport Layer）采用各种接入手段将用户连接至网络，集中用户业务将它们传递至目的地，并提供可靠的传送方式；媒体层（Media Layer）将信息格式转换成能够在核心网上传送的形式，如将语音或数据信号打包成 IP 包，同时将信息选路到目的地；控制层（Control Layer）将呼叫控制从网关中分离出来，以分组网代替控制层网络元素对业务流的处理，提供呼叫控制，相当于传统网络中提供信令和业务控制的节点；网络服务层（Network Service Layer）在呼叫建立的基础上提供独立于网络的智能服务，提供以 API 为基础的灵活快速的业务。

（二）软交换网络的特点

软交换网络采用开放的分层结构。它将传统交换机的功能模块分离成独立的 4 层网络部件，各部件可以独立发展，部件间的接口协议基于相应的标准，使得网络更加开放，可以根据业务的需求自由组合各部件的功能来组建网络，部件间协议的标准化有利于异构网的互联互通。

软交换网络可以接入多种用户。由于软交换网络是三网合一的网络，它对于目前存在的各种用户，如模拟 / 数字电话用户、移动用户、ADSL 用户、IP 窄带 / 宽带网络用户都能有效地支持，为传统运营商和新兴运营商都开辟了有效的技术途径。

软交换网络是业务驱动的网络。通过业务与呼叫控制分离、呼叫控制与承载控制分离实现相对独立的业务体系，使业务真正独立于网络，灵活有效地实现业务的提供。用户具有自行配置和定义业务的特征，不必关心承载业务的网络形式与终端类型即可满足用户不断发展、更新业务的需求，也使网络具有可持续发展的能力。

软交换网络是基于统一协议的分组网络。目前存在的通信网，无论是电信网、计算机网还是有线电视网都不可能单独作为信息基础设施的平台。而 IP 技术的发展使人们认识到各种网络将最终汇合到 IP 网络，各种以 IP 为基础的业务能在不同的网络上实现互通，从技术上为软交换网络奠定了坚实的基础。

（三）IP 多媒体子系统

可将以软交换为核心的 NGN 体系描述为 4 个网络子系统，其中 IP 多媒体子系统（IMS）为 NGN 接入网和终端提供基于会话启动协议（SIP）的业务，包括多媒体会话业务、集群信息定购等。

IP 多媒体子系统主要使用 3GPP（Third Generation Partnership Project）的 IMS 核心网络作为核心控制系统，并在 3GPP 规范的基础上对 IMS 系统进行拓展，以支持 xDSL 等固定接入方式。实现这一目标需要重点解决两个技术问题：一是完善 IMS 子系统与其他子系统的互通；二是面对有线和无线网络在网络带宽、终端鉴权、位置信息和资源管理等多方面存在差异，实现稳定的固定接入。

（四）电话网的演进

电话网是目前世界上最大的电路交换网络之一，在向下一代网络演进过程中，软交换是其发展方向，符合电路交换向分组交换转型的总体发展趋势。软交换具备替代电路交换设备的能力、灵活提供业务的能力，使电话网向分组化、宽带化、智能化的方向发展。

第二节　通信网接入技术

在现代通信网的数据传输中，对用户而言最为重要的是直接打交道的接入网以及数据的具体接入方式和接入技术。因此，了解常用网络的数据接入技术是十分必要的。

一、电话网接入

公用电话网接口是目前应用最广泛的通信接口，它提供 300 ~ 3 400 Hz 的模拟话音信号通道。为了在这个话音通道里传输数字信息，早期使用调制解调器（Modem），将用户数据信号调制到用户线的带宽以内，当作模拟话音信号传到局端，局端对此进行相应的数字化处理后得到基带数据信号送到交换机，和其他的数字话音信号一样传输给对方，对方再用 Modem 解调还原出用户数据信号。为了充分利用电话网用户线资源为用户提供高速的数据信息，此后开发一系列的数字用户线（Digital Subscriber Line，DSL）技术。

（一）高速数字用户线

高速数字用户线（High-rate DSL，HDSL）是一种用户数字线传输技术，它采用现代数字通信的自适应均衡、自适应回波抵消和线路编码技术，可在两对电话网用户双绞线上实现速率为 784 ~ 1 544 kbit/s 之间对称的双向通信。

电话网用户环路的双绞铜线的传输特性在高频端跌落很快，导致传输脉冲信号的相互重叠，出现所谓的码间干扰，使得传输数据的速率不可能很高。随着电子技术的发展，特别是自适应数字滤波器和回波抵消电路的集成化，用它们对线路传输特性进行动态调整，这使得在用户双绞线上进行高速数据传输有了可能。

再加上采用适当的线路编码（如 2 B1Q 线路编码），加大了 HDSL 无中继传输的距离（3 ~ 6 km），增强了系统的抗干扰能力，误码率可达 10^{-9}。

近年来发展的 HDSL2 技术和 SHDSL（Symmetric HDSL）技术，采用 TC-PAM（Trellis Coded Pulse Amplitude Modulation）线路码，可在单路双绞线上传输 192 ~ 2 360 kbit/s 的用户信息。

（二）非对称数字用户线

非对称数字用户线（Asymmetrical DSL，ADSL）技术在 HDSL 的基础上，信号调制与编码、相位均衡、回波抵消等方面采用了更先进的技术，使 ADSL 的性能更佳。

ADSL 设备将一个用户线带宽分为 3 段信道。普通电话业务（POTS）仍在原频带内传送，它经由低通滤波器和分离器插入到 ADSL 通路中。即使 ADSL 系统出故障或电源中断等也不影响正常的电话业务。ADSL 的上、下行速率不一样（不对称），可提供 1.5 ~ 6.0 Mbit/s 的高速下行信道，中速的 160 ~ 640 kbit/s 的双向信道。ADSL 可工作于标准的用户环路,24 号线径的双绞铜线以 6.144 mbit/s 的速率能传 3.7 km，以 1.536/2.048 Mbit/s 的速率能传 5.5 km。

由于数据信道位于话音频带之上，线路特性差，所以要采用一些特殊技术，如自适应数字滤波技术、纠错编码调制技术，非对称回波消除技术等，以保证数据的可靠传输。

在 ADSL 中采用离散多音（Discrete Multi-Tone，DMT）调制方式，这是多载波调制的一种特殊形式，它利用数字信号处理中的快速傅里叶变换（FFT）和逆变换对信号进行调制和解调，实现起来比较简单。DMT 将原先电话线路的 0 ~ 1.1 MHz 频段划分成 256 个频宽为 4.3 kHz 的子频带，其中 0 ~ 4 kHz 带宽传送普通电话业务，26 ~ 138 kHz 的频段用来传送上行信号，138 kHz ~ 1.1 MHz 的频段用来传送下行信号。

ADSL 技术的继续发展，进一步提高了传输速率，如超高速数字用户线（Very High Bit Rate DSL，VDSL），可在 300 m ~ 1.6 km 双绞铜线上传送 25 Mbit/s 或 52 Mbit/s 的数据。

二、光纤宽带接入

在各种宽带接入技术中，光纤宽带接入技术是非常理想的。在光纤宽带接入中，由于光纤到达位置的不同，有 FTTB（Fiber To The Building）、FTTC（FTT Curb）、FTTH（FTT Home）等多种服务形态，统称 FTTx。其中，除了 FTTH 是光纤直接到达最终用户以外，其他几种光纤离最终用户还有一段距离，在光信号终接之后，还需要采用金属线接入或无线接入技术，才能实现最终的用户接入。目前应用较多的是采用同轴电缆的 HFC 技术，采用电话线的 ADSL、VDSL 技术，以及无线局域网（WLAN）技术等接入用户。

FTTH 是光纤宽带接入的最终方式，它提供全光纤的接入，因此可以充分利用光纤的宽带特性，为用户提供充足的带宽，满足宽带接入的需求。在 FTTH 应用中，主要采用两种技术，无源光网络（Passive Optical Network，PON）接入和有源光网络（Active Optical Network，AON）接入。PON 技术出现较早，在光纤接入中具有优势，是公认的实现 FTTH 的首选方案。

PON 是物理层技术，它可与多种数据链路层技术相结合，如 SDH、以太网等，分别产生了 GPON（Gbit PON）和 EPON（Ethernet PON）等。目前用得比较多的是 EPON 和 GPON，它们各有优缺点，各自适合一定的应用环境。例如，EPON 更适合于居民用户的需求，而 GPON 更适合于企业用户的接入等。GPON

技术比较复杂，成本偏高，但对电路交换类的业务具有支持优势，可充分利用现有的 SDH，提供 TDM 业务比较方便，有较好的 QoS 保证。EPON 继承了以太网的优势，把全部数据封存在以太网帧内传送，成本相对较低，但对 TDM 类业务的支持难度相对较大。现如今绝大多数的局域网都使用以太网，所以选择以太网技术应用于 IP 数据接入是很合乎逻辑的，并且原有的以太网只限于局域网，在和光传输技术相结合后的 EPON 不再只限于局域网，还可扩展到城域网，甚至广域网。

三、局域网接入

局域网（LAN）的数据接入属于计算机网的用户接入范畴，用户计算机主要通过路由器与局域网进行连接，由于局域网有不同的类型，所以路由器和局域网的接口协议类型也各不相同。除了接入的数据协议以外，局域网常见的物理接口主要有 AUI、BNC 和 RJ-45 等。

RJ-45 接口是最常见的双绞线以太网接口，因为在快速以太网中主要采用双绞线作为传输介质。根据接口的通信速率不同，RJ-45 接口又可分为 10 Base-T 网 RJ-45 接口和 100 Base-TX 网 RJ-45 接口两类。现在快速以太网路由器产品多数采用 10/100 Mbit/s 带宽自适应方式工作，其接口为 100 Base-TX 网 RJ-45 接口。两种 RJ-45 仅端口本身物理结构而言是完全一样的，但端口中对应的网络电路结构是不同的，所以也不能随便互接。

此外还有 BNC（Bayonet Nut Connector）50 或 75 的同轴电缆接口、SC（Secondary Control）光纤接口、AUI（Attachment Unit Interface）粗同轴电缆接口等。

四、宽带无线接入

同有线接入相比，无线宽带接入摆脱了线缆的束缚，不受地理位置、运动状态的限制，降低了接入复杂度和成本，随时随地都能接入通信网络。无线通信技术的飞速发展，产生了多种面向不同场合和应用的宽带无线接入技术。

（一）无线局域网接入

无线局域网（Wireless LAN，WLAN）是利用无线技术实现快速接入以太网的技术，采用无线网络协议簇为 IEEE 802.11x。其中 802.11 数据速率只有 2 Mbit/s，802.11a 工作在 5 GHz 频段上，支持 54 Mbit/s 的速率；802.11b 和 802.llg 都工作在 2.4 GHz 频段上，速率各为 11 Mbit/s，54 Mbit/s。服从 WLAN 协议的接入技术有两种：一种是小功率短距离的 Wi-Fi 接入方式；另一种是较大功率和较长距离的 WiMAX 接入方式。

1.Wi-Fi 接入

无线保真（Wireless Fidelity，Wi-Fi）网络的特点是速率较高，可实现几十到几百 Mbit/s 的无线接入，但通信范围较小，不具备移动性，价格便宜，因此主要用于小范围的无线通信。Wi-Fi 使用包括 IEEE802.11b、802.11a 或 802.11g 标准，通过无线接入点（Access Point，AP）实现计算机无线互联并接入 Internet。Wi-Fi 发射采用的是低功率无线电信号，穿透能力不强，室内传输距离约为 25 ~ 50 m，在户外开放的环境里可达 300 m 左右。现在大多数笔记本电脑和智能手机都已引入了 Wi-Fi 接入功能。

2.WiMAX 接入

全球微波接入互操作（World Interoperability for Microwave Access，WiMAX）IEEE 802.16 系列宽带无线 IP 城域网技术。WiMAX 可提供固定、移动、便携形式的无线宽带连接。一般在 5 ~ 15 km 半径范围内，WiMAX 可为固定和便携接入提供高达每信道 40 Mbit/s 的容量，可以同时支持数百使用 2 Mbit/s 连接速度的商业用户或数千使用 DSL 连接的家庭用户。WiMAX 作为移动接入服务时，能在 3km 半径范围内为用户提供高达 15 Mbit/s 的带宽。

（二）蓝牙和 ZigBee 接入

蓝牙（Bluetooth）是一种高速率、低功耗、近距离的微波无线连接技术，主要用于电话、便携式电脑、PDA 和其他袖珍型设备的自动连接组网。蓝牙具有全向传输能力，只要蓝牙技术产品进入彼此的有效范围之内，它们会立即传输地址信息并组建成网。它基本的通信速度为 750 kbit/s，目前能达到 4 Mbit/s 甚至 16 Mbit/s。蓝牙工作于 ISM（Industrial Scientific Medical）频段中的 2.4 GHz 左右的科学频段，采用 FM 调制方式，设备成本低；采用快速跳频、正向纠错和短分组技术，减少同频干扰和随机噪声，使无线通信质量得以提高。蓝牙在多向性传输方面上具有较大的优势，若是设备众多，识别方法和速度也会出现问题；蓝牙具有一对多点式的数据交换能力，所以需要安全系统来防止未经授权的访问。

和蓝牙技术类似，ZigBee 也是一种低复杂度、低功耗、低数据速率、低成本的无线网络技术，主要用于近距离无线连接。它基于 IEEE 802.15.4 标准，工作在 2.4 GHz 和 868/928 MHz，用于个域网和对等网状网络。

（三）卫星通信

由于卫星通信具有覆盖面大、传输距离远以及不受地理条件限制等优点，利用卫星通信作为宽带接入技术，具有良好的发展前景。例如，可利用卫星的宽带 IP 多媒体广播技术解决 Internet 带宽的瓶颈问题。目前，有些网络使用卫星通信的 VSAT 技术，发挥其非对称特点，上行检索使用地面电话线或数据电路，而下行则通过卫星通信高速率传输，为 ISP（Internet Server Provider）提供双向传输服务。

五、移动通信网接入

(一) GSM、CDMA 接入

GSM（Global System for Mobile communications）和 CDMA（Code Division Multiple Access）一样，同属第 2 代移动通信技术。

GSM 是窄带 TDMA，允许在一个射频上同时进行 8 组通话，它的频率范围在 900 ～ 1 800 MHz。GSM 数据通信的接入方式和电话网调制解调器接入类似，通过 GSM 调制解调器（或 GSM 手机）接入，一路 GSM 接入的数据速率为 9.6 kbit/s。

CDMA 采用的是扩频（Spread Spectrum）技术的码分多址系统，具有高效的频带利用率和更大的网络容量。一路 CDMA 的接入速率和 GSM 相当，在十几 kbit/s 左右。

(二) GPRS、EDGE 接入

GPRS（General Packet Radio Service）是从 2G 移动通信 GSM 技术向 3G 移动通信 WCDMA 技术演进中的一种过渡技术，属于所谓的"2.5 代"移动通信技术，是 GSM 网络的扩展应用。相对于原来 GSM 的电路交换数据传送方式，GPRS 是分组交换技术，它采用分组交换模式来传送数据和信令，数据通信和通话可以同时进行，声音的传送继续使用 GSM，而数据的传送使用 GPRS。GPRS 频道采用 TDMA，一个 TDMA 帧划分为 8 个时隙，每个时隙对应一个物理信道。在 GPRS 中，每个物理信道可以由多个用户共享，并可根据语音和数据的业务要求动态分配。GPRS 采用性能更好的物理信道编码方案，当使用 8 个时隙时，理论最高接入速率可达 164 kbit/s。

EDGE（Enhanced Data Rate for GSM Evolution）是一种在 GPRS 和 3G 移动

通信之间的过渡技术，因此称它为"2.75 代"技术，数据传输速率可达 384 kbit/s。EDGE 相比 GPRS 最大的变化是在数据传输时采用 8PSK 调制替代原先 GPRS 中的 GMSK（高斯最小频移键控）调制，由于 8PSK 可将 GMSK 调制技术的信号空间从 2 扩展到 8，从而使每个符号所包含的信息是原来的 4 倍。此外，EDGE 共提供 9 种不同的调制编码方案，采用纠错检错能力更强的信道编码，而 GPRS 仅提供 4 种编码方案，这样 EDGE 可以适应更恶劣的无线传播环境。

（三）5G、LTE 接入

第 5 代（5G）移动通信业务既包括 4G 移动通信的所有业务，也包括 3G 网络特有的流媒体等新业务。5G 业务的主要特征是可提供移动宽带多媒体业务，高速移动环境下支持 144 kbit/s 速率，步行和慢速移动环境下支持 384 kbit/s 速率，室内环境下支持 2 Mbit/s 速率的数据传输，并保证可靠的高质量服务。因此，5G 可以提供高速移动情况下的无线接入，实现移动终端之间直接的图像、视频通信。

目前，正在迅速推广应用的长期演进项目（Long Term Evolution，LTE）是 3G 的演进，也称为"准 5G"技术。LTE 改进并增强了 5G 的空中接入技术，采用了多项关键技术，如正交频分复用（OFDM）高效调制、多输入多输出（MIMO）分集收发、软件无线电（Software Defined Radio，SDR）、IPv6 等。在 20 MHz 频谱带宽下能够提供下行 100 Mbit/s 与上行 50 Mbit/s 的峰值速率。

第三节　模拟视频基带信号

基带信号是相对于调制信号而言的，所谓模拟视频基带信号，一般是指未调制的视频信号，如视频信号的模拟亮度信号 $Y(t)$ 和色度信号 $V(t)$，但有时也称经过正交平衡调制的色度信号 $c(t)$ 和亮度信号 $Y(t)$ 合并在一起（包括同步信号）所形成的复合视频信号为（模拟）基带信号。由于目前数字图像信号大部分都是由模拟图像信号经模数转换而得，而且用于显示的图像信号一般也是模拟图像信号，因此良好的模拟图像信号是数字图像通信取得高质量的重要保证。为此，有必要了解噪声和各种失真对模拟图像信号传输的影响，了解传输带宽对电视信号的清晰度的影响。

一、噪声影响

在模拟图像传输中，对图像质量影响较大的噪声有随机噪声、脉冲性噪声、周期性噪声和重影性噪声等。

（一）随机噪声

随机噪声往往表现为叠加在正常图像上的雪花式的干扰。这种干扰主要由电阻类器件（如天线等）中电子作不规则运动所引起的热噪声，以及电子器件起伏电流引起的噪声引起。由于人眼对噪声中的高频分量不太灵敏，因此，为了使高频噪声引起的视觉主观评价与低频噪声引起的视觉主观评价相同，应将不同频率的噪声进行折算。这一作用相当于将噪声通过一个加权网络电路。经加权网络后，频率愈高的噪声衰减愈大，所得信噪比（称为加权信噪比）才和人眼视觉的感受一致。

（二）脉冲性噪声

这种噪声往往使正常图像突然变得杂乱。例如，在收看无线发射的电视节目时，附近有汽车驶过，恰逢其打火，所产生的高压脉冲的辐射往往会在荧光屏上引起一阵扰动。对脉冲性噪声的影响可以通过限制噪声源、将传输线路进行良好的屏蔽等方法来减小。

（三）周期性噪声

这种噪声接近周期性的正弦波。例如，由于电源干扰造成电源信号叠加在正常图像上就形成了周期性的噪声。它在画面上呈不规则的条纹干扰，这些条纹状的图案看上去很显眼，应设法予以消除。其主要方法是改善滤波和加强屏蔽。

（四）重影性噪声

以无线方式接收图像信号时，除了从天线输入端接收信号外，还会收到经过诸如反射、绕射等途径的干扰信号。这种干扰信号叠加在正常图像上就形成重影性噪音。减少重影性噪声的主要方法就是消除接收多途径信号的可能性。例如，提高接收天线的方向性、避开引起反射的建筑物等。此外，应力求天线与馈线、馈线与放大器阻抗的匹配，以达到减小反射信号的目的。

二、线性失真

线性失真是指传输网络的传输参数（幅度增益 G 和相位 φ）随输入信号的频率变化形成的不均匀性，包括振幅频特性失真和相位频率特性失真，它与信号的输入幅度无关。

（一）高频失真

由于传输网络的带宽是有限的，使得图像中的高频分量通过传输网络后遭到不同程度的衰减，常常在图像上表现为水平清晰度下降和相变失真。

例如，在 PAL 制视频信号中，图像信号的带宽为 5 MHz 左右，如果传输网络的带宽小于 5 MHz，那么，视频信号中的高频分量将无法通过，会使得图像中的细节部分变得模糊，这就引起了水平清晰度下降。当图像中出现由黑变白或由白变黑的轮廓部分时，由于高频失真，会在轮廓的两侧产生黑白细条纹图案，称为镶边失真。

为了减少视频传输网络对图像的高频波形失真的影响，其带宽应足够宽，至少要大于视频信号的最高频率。

（二）中频波形失真

对视频信号来说，中频波形失真是指由于在几十千赫兹至几兆赫兹频带范围内频率特性不均匀而引起的波形失真。例如，输入信号时持续时间为一扫描行时间的方波，通过传输网络后，由于中频分量的衰减，输出信号在一段时间内不再保持方波，会出现线性倾斜现象，它使得图像信号沿水平方向出现左边变亮、右边变暗的现象。为了减少视频传输网络对中频波形失真的影响，应使传输网络的中频频率特性尽量平衡。

（三）低频波形失真

低频波形失真是指在几十赫兹至几十千赫兹频带范围内频率特性不均匀而引起的波形失真。和中频失真类似，若输入信号是持续时间为一帧时间的方波，由于低频分量的衰减，输出波形在一帧时间内出现线性倾斜。它使得一帧内图像信号沿垂直方向出现上部画面变亮、下部画面变暗的现象。减少这种失真的方法是改善传输网络的低通特性。

三、非线性失真

传输网络线性失真的特点是在输出信号中，不会产生输入信号中没有的新的频率分量，而非线性失真则会使输出信号中产生新的频率分量。如果传输网络的传输参数随输入信号的振幅变化，也就是说输出信号与输入信号不成正比关系，就会产生非线性失真。非线性失真主要包括振幅非线性失真和相位非线性失真。在图像信号分析中，常用微分增益（DG）来表示振幅的非线性失真，用微分相位（DP）来表示相对的非线性失真。ITU-R 对长距离电视传输线路所提出的要求是 DG 的偏差小于 10%，DP 偏差小于 5°。

（一）微分增益 DG

为了证明图像系统的振幅非线性失真，可将输出电压 y 与输入电压 x 之间的关系 $y = f(x)$ 用幂级数展开为

$$y = a_0 + a_1 x + a_2 x^2 + \cdots \tag{8-1}$$

式中，a_1，a_2，a_3，$\cdots$ 为系数。如果没有非线性失真，a_2，a_3 $\cdots$ 皆为 0，输入和输出为线性关系。

非线性失真可以用微分特性表示，即分析微分信号 dy/dx 的变化情况。微分特性与非线性失真都可以表示网络非线性失真的大小，它们之间存在着一定的关系。由式（8-1）可得微分特性 D，它表示单位输入电压的变化所引起的输出电压的变化量。

$$D(x) = \frac{dy}{dx} = a_1 + 2a_2 x + 3a_3 x^2 + \cdots \tag{8-2}$$

式（8-2）表示当输入信号 x 变化时，系统的微分量也随之而变。然后求 $x=0$ 时的微分值：

$$D_0 = \frac{dy}{dx}\bigg|_{x-0} = a_1 \tag{8-3}$$

以 D_0 为标准，求出任意输入电压对应的微分值 D 和 D_0 之间的相对误差，称为微分增益 DG，即

$$DG(x) = \frac{D - D_0}{D_0} = 2\frac{a_2}{a_1} x + 3\frac{a_3}{a_1} x^2 + \cdots \tag{8-4}$$

我们知道，在彩色电视图像中，信号有亮度信号和色度信号，色度信号是叠加在亮度信号上的。当亮度信号由黑电平变到白电平时，同样的色度信号由于网络的微分增益不均匀，就会造成色度信号的幅度变化。由于色度信号的幅度是和

彩色的饱和度关联的，那么，同一彩色信号在图像亮的部分和图像暗的部分其饱和度不同，从而引起饱和度失真。这就是 DG 失真在图像上的直观表现之一。

（二）微分相位 DP

实际微分特性 D 是一个复数，除了幅度以外还有相角。考虑相角以后，$\dot{D} = D \exp(j\varphi)$，$\dot{D}_0 = D_0 \exp(j\varphi_0)$，式中 φ 和 φ_0 分别为 D 和 D_0 的相角，它们都是输入信号 x 的函数。定义微分相位 DP 为

$$DP(x) = \varphi(x) - \varphi_0(0) \tag{8-5}$$

从式（8-5）可以看出，DP 的定义是一种绝对误差的概念，其单位为度或弧度。

如果 $DP(x)$ 曲线不平直，就说明有相位非线性失真或 DP 失真。相位非线性失真会引起色同步和色副载波之间的相移变化，色度信号的相位和彩色的色调相结合，使得同样的彩色信号在画面亮的部分和暗的部分所显示的色调不同。这就是 DP 失真在图像上的直观表现之一。

四、清晰度和信号带宽

衡量模拟图像质量高低的一个重要参数就是图像的清晰度。对于活动图像或者视频序列，其图像（或视频帧）的清晰度往往可以用水平清晰度和垂直清晰度来表示。垂直清晰度基本上是由视频信号的每帧扫描线数来确定的，水平清晰度则由视频基带信号的带宽所决定。质量良好的图像，如高清晰度电视（HDTV）的图像，首先其清晰度要高。

下面以 PAL 制电视信号为例，用比较直观的方法，而不是严格论证的方法来说明电视信号的清晰度和带宽的基本概念。垂直清晰度 r_v 主要取决于每帧的有效扫描行数：

$$r_v = L_v K \approx 575 \times 0.7 \approx 400 \text{ 线} = 200 \text{ 对（黑白水平线）} \tag{8-6}$$

式中，L_v =575 为每帧有效扫描行数，$K \approx 0.7$ 为凯尔系数。可见垂直清晰度在最好的情况下约为 288 对黑白相间的扫描线（$575 \div 2$），但在一般正常情况下还要乘上凯尔系数（K =0.6 ~ 0.7），则垂直清晰度为 200° 左右。

从看电视的角度来说，观众希望水平和垂直清晰度大体相当，因而与之对应的水平清晰度则应为

$$r_h = (w / h)r_v = (4 / 3)200 \approx 270 \text{ 对（黑白垂直线）} \qquad (8\text{-}7)$$

式中，w / h 为画面的宽高比。上式说明在一行有效扫描期内，视频信号必须能反复经历约 270 次高低电平变化。设行扫描正程有效期为 51.2 μs，此时每对黑白电平变化所需周期为 $T = 51.2\mu s / 270 \approx 0.19\mu s$，相应的频率即为视频的最高频率分量 $f_{max} = 1 / 0.19 \approx 5.2MHz$。$f_{max}$ 决定了要达到预定的水平清晰度所需的视频信号带宽。如果摄像机和显示器的特性还有富余，则水平清晰度的决定因素是传输带宽和扫描速度。也就是说，如果传输网络的传输带宽小于 5 MHz，则图像中的高频部分难以通过，水平方向 270° 的清晰度难以得到保证，会引起水平清晰度的下降。

第四节　基带信号的数字调制

模拟图像信号经数字化以后就形成 PCM 信号，也可称作数字基带信号。数字基带信号可以直接进行传输，但传输距离有限。要进行长距离传输，可以将 PCM 信号进行数字调制（通常是采用连续波作为载波），然后再将经调制后的信号送到信道上去传输。这种数字调制称为连续波数字调制，它包括传统的幅移键控（ASK）、频移键控（FSK）、相移键控（PSK），也包括后来发展的多相

相移键控（MPSK），多电平正交调幅（MQAM），正交频分复用（Orthogonal Frequency Division Multiplexing，OFDM）调制，数字残留边带（VSB）调制等现今普遍使用的数字调制技术，也是本节主要介绍的内容。

一、多相相移键控调制

多相相移键控（MPSK）数字调制，用载波的 m 个不同的相位来表示 L 比特码元的 $2^L = m$ 种状态。如 4PSK 调制，$m = 4, 2^2 = 4$，$L = 2$，4 种不同的相位可用来表示 2 比特的 4 种不同的数字信息。因此，将需要调制的二进制比特流进行分组，每 2 bit 为一组；每一组都可能有 4 种不同的相位，对应每一种状态用一种相位去表示。例如，输入二进制码流为 1101001011……则将它们分组为 11、01、00、10、11、……，然后用不同的相位来代表它们。如 8PSK 调制，则 $m = 8, 2^3 = 8$，$L = 3$，需将码流每 3 bit 分为一组，每一组用 8 种不同的相位中的一种来代表它们。其他的情况依此类推。

由数字通信中的多相位调制原理可知，MPSK 调制信号为

$$s(t) = \sum_n g(t - nT_s)\cos(\omega_0 t + \psi_n) \tag{8-8}$$

式中，$g(t)$ 是脉宽不超过 T_s 的单个基带脉冲，ω_0 为载波频率，ψ_n 为受调相位，共有 m 个取值。先将 $\cos(\omega_0 t + \psi_n)$ 和差化积，再令 $x_n = \cos\psi_n$，$y_n = \sin\psi_n$，则有

$$\begin{aligned} s(t) &= \cos\omega_0 t\left[\sum_n g(t - nT_s)\cos\psi_n\right] - \sin\omega_0 t\left[\sum_n g(t - nT_s)\sin\psi_n\right] \\ &= \left[\sum_n x_n g(t - nT_s)\right]\cos\omega_0 t - \left[\sum_n y_n g(t - nT_s)\right]\sin\omega_0 t \end{aligned} \tag{8-9}$$

当 ψ_n 确定以后，x_n 和 y_n 就是确定的值，也就是不同的幅度，这样上式也可以看成两项多幅度正交调制的和。

二、多电平正交幅度调制

由前面对 4PSK 调制的分析可知，它包含了二电平正交振幅键控。如果将 2 电平振幅键控进一步发展为多电平（例如，4、8、16 电平）正交振幅调制（MQAM），显然可以获得更高的频谱利用率。一般说来，L 个电平的 QAM，在二维信号平面上产生 $m = 2^L$ 个状态。因此，正交振幅调制 MQAM 中的 M 是指定总信号状态数。这种方法实际上就是利用相位和幅度来联合调制，使其进一步增加信号调制的频带利用率，其调制信号一般表达式为

$$s(t) = \sum_n A_n g(t - nT_s)\cos(\omega_0 t + \psi_n) \tag{8-10}$$

式中，$g(t)$ 是脉宽不超过 T_s 的单个基带脉冲，ω_0 为载波频率，ψ_n 为受调制的不同相位，A_n 为受调制的不同幅度，类似于多相位调制，上式可以写成：

$$s(t) = \left[\sum_n A_n g(t - nT_s)\cos\psi_n\right]\cos\omega_0 t - \left[\sum_n A_n g(t - nT_s)\sin\psi_n\right]\sin\omega_0 t \tag{8-11}$$

令 $x_n = A_n\cos\psi_n$，$y_n = -A_n\sin\psi_n$，则式（8-11）为

$$s(t) = \left[\sum_n x_n g(t - nT_s)\right]\cos\omega_0 t + \left[\sum_n y_n g(t - nT_s)\right]\sin\omega_0 t \tag{8-12}$$

由此可以看出，幅度相位联合调制可以看作 2 个正 1 交调制信号的和。用 x_n 和 y_n 来表示调制信号在矢量平面上的位置，又形象地称为"星座"。

三、正交频分复用调制

通常的数字调制都是在单个载波上进行的，如 PSK、QAM 等。这种单载波的调制方法易发生码间干扰而增加误码率，而且在多经传播的环境中因受瑞利衰落的影响而造成突发误码。若将高速率的串行数据转换为若干低速率数据流，每个低速数据流对应一个载波进行调制，组成一个多载波的同时调制的并行传输系

统。这样总的信号带宽被划分为 N 个互不重叠的子通道，N 个子通道进行正交频分多重调制，就能克服上述单载波串行数据系统的缺陷。这一新型的调制方式称为正交频分复用（OFDM）。这种调制方式以其优越的性能在数字电视地面广播、4G 移动通信系统、无线局域网等众多场合得到广泛的应用。

OFDM 通过多载波的并行传输方式将 N 个单元码同时传输来取代通常的串行脉冲序列传送，使得每个单元码所占的频带 Δf 远小于单载波码元频带，从而有效地防止了因频率选择性衰落造成的码间干扰。例如，在 $N = 256$ 时，与相同传输容量的单载波调制系统相比，每个载波承担的码率要低得多，符号要长得多。在 OFDM 调制中，设 f_k 是一组载波，各载波频率的关系为

$$f_k = f_0 + \frac{k}{T_s} = f_0 + k\Delta f, \quad k = 1, 2, \cdots, N-1 \tag{8-13}$$

式中，T_s 是单元码的持续时间；f_0 是发送的频率组的初始频率。可以看出，这一组载波从 f_0 开始以 $1/T_s$ 的频率间隔均匀排列。设第 k 个载波为

$$g_k(t) = \begin{cases} \mathrm{e}^{\mathrm{j}2\pi f_k t}, & 0 \leqslant t \leqslant T \\ 0, & \text{其他} \end{cases} \tag{8-14}$$

显然各子载波之间满足正交性就是使下式成立：

$$\int_0^{T_s} \mathrm{e}^{\mathrm{j}2\pi f_k t} \left(\mathrm{e}^{\mathrm{j}2\pi f_j t} \right)^* \mathrm{d}t = \begin{cases} T_s, & j = k \\ 0, & j \neq k \end{cases} \tag{8-15}$$

式中，符号"*"表示复共轭。和一般的频分复用（FDM）方式不同，它是 N 个间隔为 $1/T_s$ 的 sinc 函数，每个 sinc 函数的峰值正好位于其他 sinc 函数的零点。因而其频谱是相互正交的，而不是相互分开的，所以这种调制方式的频谱利用率较高。

设在一个周期 $[0，T]$ 内传输 N 个符号为 $(d_0, d_1, \cdots, d_{N-1})$，$d_k$ 为复数，$d_k = a(k) + jb(k)$。此复数序列经过串并变换后调制 N 个载波，用 N 个调制器进

行频分复用。此时，所得到的传输波形可表示为

$$D(t) = \sum_{k=0}^{N-1}\left[a(k)\cos\omega_k(t) + b(k)\sin\omega_k(k)\right] \qquad (8\text{-}16)$$

式中，$f_k = f_0 + k\Delta f$，f_0 为系统载波，Δf 为子载波间的最小间隔，一般取

$\Delta f = \dfrac{1}{T_s} = \dfrac{1}{N \cdot t_s}$，其中 t_s 为符号序列 $(d_0, d_1, \cdots, d_{N-1})$ 的时间间隔，显然有 $T = Nt_s$。

在接收端，采用 N 对相干解调器对 $D(t)$ 正弦分量和余弦分量进行相乘、滤波等操作可得到解调序列 $\hat{a}(0)$，$\hat{a}(1)$，$\cdots$，$\hat{a}(N-1)$，$\hat{b}(0)$，$\hat{b}(1)$，$\cdots$，$\hat{b}(N-1)$，经过并串转换和数据解码后恢复为原发送端数据序列。如果没有误码干扰、解码序列和发送的序列没有差别。

根据以上分析，可以构造出基本的 OFDM 调制器和解调器，但这样实现 OFDM 调制较为复杂，当 N 很大时，需要大量的正弦波发生器、滤波器、调制器及相干解调器。从式（8-16）可以看出，如果利用离散傅里叶逆变换（IDFT）来实现 OFDM 的调制，则可以大大简化它的实现复杂度。

OFDM 系统中，数据信号对各并行子带的副载波调制可以采用 MPSK、MQAM 等方式。如果优先考虑传输鲁棒性，可采用误码性能特别好的 MPSK，如 4PSK 或 16PSK。而需优先考虑频谱利用率时，可采用 MQAM，如 16QAM 或 64QAM 等。此时将相应的 OFDM 称为 PSK-OFDM 或 QAM-OFDM。

四、残留边带调制

（一）模拟 VSB 调制

由于模拟图像信号一般所占频带都较宽，如视频基带信号的带宽为 4 ~ 5 MHz。在双边带调幅（DSB-AM）中，传输频带是基带带宽的两倍，占用了较

宽的频带，因而不适合在图像传输中使用。单边带调幅（SSB-AM）虽然能节省一半的频带，但由于要求单边带滤波器具有陡峭的幅度特性和良好的线性相位特性，实现比较困难，因而也不适合在图像传输中应用。地面广播电视领域多采用占用带宽和单边带调幅，但相对简便的是残留边带（Vestigial Side Band，VSB）调制方式。

VSB 调制方式具有双边带和单边带调幅的特点，它除去了下边带中相当大的一部分，而把其残留的部分（残留边带）与上边带的大部分同时传输，上边带中对应于残留边带的那部分低频分量是不传送的。这样，在接收端可以用残留边带分量弥补上边带中未传送的低频部分。

下面简要说明 VSB 调制解调的原理。设基带信号为 $m(t)$，载频信号为 $A\cos(\omega_c t + \varphi_c)$，如果使载频的振幅随基带信号而变，则双边带调幅信号 $M(t)$ 为

$$M(t) = A[1+Km(t)]\cos(\omega_e t + \varphi_e) \tag{8-17}$$

其中，K 为调幅系数（通常 $K \leq 1$），为简单起见，令 $m(t) = \cos(\omega_p t + \omega_p)$，则

$$\begin{aligned}
M(t) &= A\left[1 + K\cos(\omega_p t + \varphi_p)\right]\cos(\omega_c t + \varphi_c) \\
&= A\cos(\omega_c t + \varphi_c) + \frac{1}{2}KA\cos\left[(\omega_c + \omega_p)t + (\varphi_c + \varphi_p)\right] + \\
&\quad \frac{1}{2}KA\cos\left[(\omega_c - \omega_p)t + (\varphi_c - \varphi_p)\right]
\end{aligned} \tag{8-18}$$

式（8-18）右边第一项为载频分量，第二项和第三项分别为上、下边带。理想的残留边带滤波器的截止特性在载波附近 $f_c \pm f_v$ 的范围内相位特性是线性的，幅度特性对载频 f_c 是对称的。

为简单起见，令 $\varphi_c = 0$，$\varphi_p = 0$，则双边带调幅波信号 $M(t)$ 经残留边带滤波器滤波后得

$$G(t) = A_c A \cos\left(\omega_c t + \theta_c\right) + \frac{1}{2} KAA_{\mathrm{U}} \cos\left[\left(\omega_c + \omega_p\right)t + \theta_{\mathrm{U}}\right]$$
$$+ \frac{1}{2} KAA_{\mathrm{L}} \cos\left[\left(\omega_c - \omega_p\right)t + \theta_{\mathrm{L}}\right]$$

（8-19）

式中，$G(t)$ 为 VSB 滤波器输出的调制信号；A_c、θ_c 为 VSB 滤波器对载波的衰减和相移；A_{L}、θ_{L} 为 VSB 滤波器对下边带的衰减和相移；A_{U}、θ_{U} 为 VSB 滤波器对上边带的衰减量和相移。式（8-19）经三角运算后为

$$G(t) = A\cos\left(\omega_c t + \theta_c\right)\left[A_c + \frac{1}{2}KA_{\mathrm{L}}\cos\left(\omega_p t + \theta_c - \theta_{\mathrm{L}}\right) + \frac{1}{2}KA_U\cos\left(\omega_p t + \theta_U - \theta_c\right)\right] +$$
$$A\sin\left(\omega_c t + \theta_c\right)\left[\frac{1}{2}KA_{\mathrm{L}}\sin\left(\omega_p t + \theta_c - \theta_\mathrm{l}\right) - \frac{1}{2}KA_U\sin\left(\omega_p t + \theta_U - \theta_c\right)\right]$$

（8-20）

在接收端，用本地载波 $B\cos\left(\omega_c t + \theta\right)$ 和 $G(t)$ 相乘，即 $G(t)B\cos\left(\omega_c t + \theta\right)$，用低通滤波器取出频率为 ω_p 的分量，并设 $\theta_{\mathrm{U}} - \theta_c = \theta_c - \theta_{\mathrm{L}} = \theta'$，则得解调输出：

$$m'(t) = \frac{1}{4}KAB\left(A_{\mathrm{L}} + A_{\mathrm{U}}\right)\cos\left(\omega_p t + \theta'\right)\cos\left(\theta_c - \theta\right)$$
$$+ \frac{1}{4}KAB\left(A_{\mathrm{L}} - A_{\mathrm{U}}\right)\sin\left(\omega_p t + \theta'\right)\sin\left(\theta_c - \theta\right)$$

（8-21）

如果要使本地载波的相位 θ 和发端载波的相位 θ_c 相等，即 $\theta_c = \theta$，则需要 $\cos\left(\theta_c - \theta\right) = 1$，$\sin\left(\theta_c - \theta\right) = 1$，可以消除正交分量，使解调信号输出无失真，因此在接收端应具有自动相位调整功能电路。在理想情况下 $A_{\mathrm{L}} + A_{\mathrm{U}} = 1$，结果为

$$m'(t) = \frac{1}{4}KAB\left(A_{\mathrm{L}} + A_{\mathrm{U}}\right)\cos\left(\omega_p t + \theta'\right) = \frac{1}{4}KAB\cos\left(\omega_p t + \theta'\right)$$

（8-22）

假设滤波器具有线性相位，则应有 $\theta' = \omega_\mathrm{p}\tau$，从而

$$m'(t) = \frac{1}{4}KAB\cos\left(\omega_\mathrm{p}t + \omega_\mathrm{p}\tau\right) = \frac{1}{4}KAB\cos\left[\omega_\mathrm{p}\left(t + \tau\right)\right]$$

（8-23）

由此可见，解调输出 $m'(t)$ 只比原调制信 $m(t)$ 延迟了 τ 时间，而没有失真。以上分析虽然是由单频调制、同步解调推出的，但其方法和结论对一般的调制信号都适用，若采用包络检波解调，会引入正交失真，在某些要求不高的场合可使用。

（二）数字 VSB 调制

数字 VSB 调制方式的原理和模拟 VSB 相仿，输出的也是一种使用单个载波、幅度调制、抑制载波的残留边带（Vestigial Sideband）信号。不同的是参与调幅的不是连续的模拟信号，而是只有几个幅度等级的数字基带信号，从而形成 2-VSB、4-VSB、8-VSB、16-VSB 调制等。

在地面数字电视广播中常用 8-VSB 调制，在一个 6MHz 模拟带宽内可传送一路 HDTV 信号。而在有线电视中常用 16-VSB 调制，此时，在一个 6MHz 模拟带宽内可传送 2 路 HDTV 信号。经过压缩编码的视频信号送到 R-S（Reed-Solomon Code）纠错编码器编码，以防信道上的突发误码；然后再进行数据交织，其作用是将出现的误码进行分散；此后通过网格编码（TCM）编码，形成 10.7 m/s 的 8 电平 TCM 编码输出，进一步增强调制信号的抗误码能力。这一信号和同步数据复用后，插入适当的导频（便于解调使用），经过均衡滤波器后和调制载频（如 46.7 MHz）相乘，再经过 VSB 滤波器，即输出已调制的 VSB 信号。当然，在真正送到发射天线之前，还要进行变频和高频功率放大。

第五节 图像通信应用系统

近年来，互联网和移动通信的迅速崛起，微电子和计算机技术的发展，对通信信息领域的各个方面都产生了巨大的影响，并且还将持续下去。这种影响同样也明显地存在于图像通信中，滋生了更多新型的图像通信技术和业务，使得图像通信的应用进入了一个新阶段。本节简要介绍三类图像通信应用系统：会议电视系统、远程视频监控系统和网络视频。限于篇幅，还有更多的应用系统本书不再

——介绍，如远程教学与培训、远程医疗、点播电视、居家购物、视频聊天、视频博客、销售演示、知识获取（博物馆、图书馆、资料室等）、电子新闻等。

一、会议电视系统

电视会议是图像通信的典型应用之一，通过视频和网络实现多点之间的图像通信，传送会场（与会及背景）的图像、语音等其他参考材料等，特别适合多个地点、多个参加者"面对面"的信息交流活动。会议电视已给人们带来了诸多便利，可以节省大量参加会议所需的旅费、时间，提高开会的效率，解决有些人无法参会的困难。此外，在一些紧急场合，可以用会议电视及时了解或发布紧急情况，做出决策。

（一）会议电视系统构成

会议电视系统也和其他通信系统一样，主要由通信网络、交换设备和用户终端构成。

1. 通信网络

通信网络为会议电视提供信息传输的通道。会议电视系统一般都借助于现有的通信网络，如电信网、因特网、广电网等组建而成，具体的信道包括光纤、电缆、微波、无线、卫星等。

2. 交换设备

交换设备主要是多个控制单元（Multipoint Control Unit，MCU），担任网络中各个会议节点之间的信息交换和汇接作用。目前大部分会议电视系统都是有MCU搭建的分层树状网络。

3. 用户终端

用户终端主要是完成信号发送与接收任务，将数据、音频、视频等各种信号进行处理之后组合成数据码流传输；同时将收到的码流即时处理成视频、音频等信息提供给与会者。

（二）H.323 和 SIP 会议电视系统

1.H.323 会议电视系统

在会议电视应用中，最早是 ITU-T 于 20 世纪 90 年代初推出的基于 ISDN 的 H.320 会议电视系统。随后，为充分利用 PSTN 网，ITU-T 于 1995 年起陆续推出了源于 LAN 的 H.323 及 H.324 系统。

2.SIP 会议电视系统

20 世纪 90 年代末，随着 Internet 网络的应用逐步扩大，IETF（Internet Engineering Task Force）于 1999 年制订、2002 年修改的 SIP 协议，称为"会话（Session）发起协议"（SIP），用于发起会话。所谓的会话，就是指用户之间的数据交换。在基于 SIP 协议的应用中，每一个会的话可以是各种不同类型的信息，可以是普通的文本数据，也可以是经过数字化处理的音频、视频数据，还可以是诸如游戏等应用数据，具有很大的灵活性。现在 SIP 已经被 ITU-T 接受，并推出了用于 H.323 和 SIP 之间互通的协议。

利用 SIP 协议可在因特网上动态组网，提供会议电视服务，形成 SIP 系统。按逻辑功能区分，SIP 系统由以下四种元素组成。

SIP 用户代理（User Agent），又称为 SIP 终端，是 SIP 系统中的最终用户。

SIP 代理服务器（Proxy Server），既是客户机又是服务器，具有解析名字的能力，能够代理前面的用户向下一跳服务器发出呼叫请求并决定下一跳的地址。

SIP 重定向服务器（Redirect Server），负责制订 SIP 呼叫路径。

SIP 注册服务器（Register Server），用来完成用户服务器的注册登录。

SIP 协议符合网络的 IP 发展趋势，且本身简洁高效，因而在目前的网络视频通信中已胜过 H.323，成了主流的应用方式。

（三）会议电视发展趋势

会议电视借助于高清视频、云计算和三网融合等技术，今后的发展主要是朝着提高用户体验、降低运行成本、方便操作等方面进行。

1. 向高清视频、立体视频、临场逼真方向发展

采用高分辨率视频，如 1 080 p 甚至更高的 4K 分辨率 4 096 × 2 160 的视频，伴随着以低时延、高品质语音，采用现场感很强的会场布置、拍摄和显示的"远程呈现"（Telepresence）方式，使参与会者对远端的场景和人物感觉更加清晰、逼真。应用立体视频，甚至多视点视频技术的会议电视系统也在实验当中。

2. 逐步融入云计算中

云计算的核心理念，就是实现 IT 资源的共享和合理调配，用户可以通过任何一个终端观看和共享统一云端的视频内容，还能够轻松解决高清视频带来的海量信息存储的问题。这种方便、经济的信息交互方式已深深影响到视频会议系统，不少厂商纷纷推出各自的源于云计算的视频会议系统。

云计算视频会议系统的数据传输、处理和存储均由云计算系统完成，用户无须购置硬件设备和相应的软件，无须维护投入，只需缴纳一定的费用，注册、登录到云系统，就能获得高效的视频会议服务。

3. 三网融合和多屏融合

三网融合是当今通信发展的大趋势，指的是公共通信网、计算机网、广播电视网在业务应用、网络技术和终端等多层面的融合，将三者进行整合使其成为相互兼容的统一信息服务网络。会议电视在这样的融合网络上进行，受到的带宽制

约、协议制约、接口制约等会越来越少。三网融合也使手机屏、计算机屏以及电视屏统一起来，三者的切换和共享很容易，从而使会议地点不再局限于会议室内。

二、远程监控系统

随着社会的发展，人们生产和生活的活动范围不断扩大，对各种现场的监视和控制的要求也在不断增加，如对通信传输机房的无人值守、高速公路的卡口监视、银行 ATM 取款机的远程监管等。传统的模拟图像监控系统已经不能满足多设备、多参量、跨区域的监控要求。随之而来的是数字化、网络化、智能化的远程视频监控系统，它能很好地克服地域、线路和性能价格比的困扰，满足各种监控的要求。

数字监控系统可以借助现有网络系统进行传输，小型的监控系统也无须建设专门的监控中心，可以由普通的计算机、工作站来完成。如若需要，系统控制点和图像浏览点也可不再局限在固定的监控中心，而是可以分布于计算机网络的每个节点，被授权的用户可以通过 LAN、移动网络、因特网来进行对现场目标的监控。在数字监控系统中，由于对数字信息可以进行加密编码，用户信息传输的安全保密要求比较容易得到满足。

（一）远程监控系统的构成

典型的远程监控系统基本上可分为远端图像设备（压缩编码和处理模块）、监控中心和通信网络三大部分。通信网一般借助于公共数字通信网络，如果需要可以形成虚拟专网。监控中心位于企业内，主要是由计算机及其相应的软件承担。大部分的远端监控设备分布较广，要承担图像信号的采集、压缩和必要的处理工作。

值得一提的是，随着因特网的发展，基于因特网的远程监控系统近来发展很快。这种系统分布广泛，传输费用低廉，传输方式灵活。其不足之处是它的 QoS 不能确保，但近来有关 IP 网上的 QoS 改进的方法不断出现，伴随 QoS 的提高，这种远程监控系统已经成为一种主要的监控方式。

（二）远程监控系统的功能要求

远程监控系统对图像的分辨率要求较高，一般 352×288（CIF 格式）分辨率不能满足要求，多数要求 704×576（D1 格式）、1024×768，1920×1080 像素点以上，而且实时图像传送要求在 15 fps 以上，传输延迟要短，镜头可控制，就可以切换多处视频源。例如，在高速公路道口监控现场，被监控的对象是高速运动的车辆，要求至少能看清它的车牌号，因而必须采用高清图像格式才行，如 4CIF、16CIF 等。而对楼宇监控这类场合，在多数情况下被监控的对象是静止不动的，因而图像质量可适当降低一些，一般采用 CIF 格式就能满足要求。

用户对远程监控系统的要求往往不是单一地传送现场图像，而是综合现场环境。它既包括现场的图像信息，还包括现场的声音信息，以及其他的环境参数。例如，在电信机房监控中，要求将设备的工作状态参数（电压、电流、速率、温度等）传送到监控中心。

许多监控系统要求具备自动报警功能，具备智能化图像信息处理功能。要求当现场发生异常情况时能及时向监控中心发出警报信号，并及时记录现场的异常情况。例如，在家庭监控中，要求在陌生人非法进入家庭时，监控系统不仅能尽快地将现场的情况自动传到监控中心或户主，还要能将此报警信息传到公安部门。

远程监控系统对现场信息的存储也有不同的要求，有的仅要求即时观看，不需要进行存储。但大多数情况下要求监控中心有一定存储容量，以便事后查看。有的甚至要求在远端也有一定的存储量，以防传输线路出现阻塞时不致于漏掉重要的远端现场信息。

对于监控中心，所监控的信息并不是所有人都可以观看和处理的，必须设置一定级别的权限。例如，可禁止无关的人员接触监控信息，有低级权限的人只能观看，有高级权限的人不仅能观看而且可以处理监控信息，发送监控命令等。

3. 基于 IP 网络的监控系统

目前使用最多的是通过现有的 IP 数字网络建立的远程监控系统。该系统用于传送远端的动态或静态图像、语音、数据信号以及系统控制、报警等信号。

图像监控中心配备计算机、显示器、网络接口等设备。计算机接收解压视频和音频信息，发出相应的控制、处理、记录、显示和输出命令。管理人员使用界面友好、操作方便的计算机控制台，一方面可了解、处理和记录由现场传来的各种实时信息，一方面还可对网内的全部或部分远端现场发出各种操作和控制指令，以完成对现场的各种监控操作。

该系统的主要技术指标如下。

（1）传输速率：100 ~ 500 kbit/s。

（2）监控图像：支持多地点视频输入，同一地点最多可接 4 路摄像机，可由监控中心选择某一路，或将 4 路合成为一个画面传输；图像格式为 QCIF、CIF 或 4CIF 格式，摄像机可接受监控中心的遥控，水平方向转动 120°，上下仰俯转动 60°；视频编码标准为 H.263、MPEG-4、H.264/AVC 等。

（3）监控环境参数：共有 100 多个，如温度、湿度、烟感、温感、仪表读数、不间断电源、门禁等。

（4）监控中心：接收远端的现场信息，在计算机显示屏上解码显示 QCIF、CIF 或 4CIF 格式视频图像，可以通过键盘或鼠标完成对远端的摄像机、云台、4 画面处理器的控制。

（5）网络接口：包括 LAN、WLAN、Wi-Fi 等标准接口。

（6）数据处理：能够进行实时数据监测、存储，历史数据查询，报表的统计、打印。

（7）系统安全：设置人员操作权限，进行操作记录；系统具有容错能力和备用功能；具有自动时钟校正、智能门禁、烟雾报警等功能。

三、网络视频

（一）视频数据流

1. 从视频文件到视频流

如果将视频数据的全体比作一池水，通过互联网观看视频节目时，可以先将这一池水全部搬（传输）到用户的池塘中，再由用户享用（观看）。这就是一种文件"下载"（Download）传输方式，是因特网初期普遍采用的一种方式。

如果仅仅是为了观看视频内容，那么很容易理解，不必等到一池水完全搬到用户处以后再让用户使用，而是采取"水流"的方式，将这一池水不停地通过一根管道流到用户处。在用户处，待流入的水稍有积存便开始使用（观看），形成一种一边流入、一边观看、一边丢弃的一种新的"传输"和"使用"视频数据的方式，这就是所谓的"流式视频"（Streaming Video）方式，传输的对象就是视频流。它降低了对用户存储容量的要求，大大缩短了等待观看时间，观看过的数据不再保存，有利于知识产权的保护。

2. 视频流的传输

实际上，"流"传输方式在因特网兴起之前就已经存在。例如，传统的广播与电视均采用了"流"技术，它们所播出的音频或视频信号不经过存储，由于带宽的保证，信号实时地从发送端"流"（传送）到各接收端，中间几乎没有延时，接收端在收听或收看后也不作任何存储。

视频流传输系统往往采用客户机／服务器（C/S）传输模式，包括服务器端、传输网络和客户机端（用户）三部分，一个服务器通过网络的连接可以服务于若干个客户机。一般为了提高传输效率和减少存储空间，视频数据都是以压缩视频数据的方式存储和传输的。原始视频信息被压缩编码后，由服务器实时打包流化发向网络，经过网络传到客户机的缓存进行播放。流文件与通常的压缩文件不同，为了适合在网络上边下载边播放，流文件需经特殊编码，形象地说就是把文件拆散，同时必须附加一些信息，如计时、压缩和版权信息等。

用户在节目播出前通过客户机端（电脑）的 Web 浏览器与服务器端的 Web 服务器之间采用 HTTP（超文本传输协议）/TCP（传输控制协议）进行互控操作，点播自己所选的视频节目流。用户选择某一视频流服务后，服务器开始检索用户所需要的实时数据，从编码器取出，并向用户端发送视频数据，节目开始播出。流文件通过传输网络到达用户端，用户通过视频播放器开始观看。视频服务器与用户电脑视频播放器之间的媒体数据流一般采用 RTP（实时传输协议）/UDP（用户数据报协议）协议进行传送。在节目播出中，用户电脑播放器与媒体服务器之间的控制信息则采用 RTSP（实时流传输协议）/TCP（UDP）协议进行互传。RTSP 起到一个遥控器的作用，用于用户电脑对视频服务器的远程控制，如控制媒体数据流的暂停、快进、慢进或回放等。

（二）RTP 和 RTSP 协议

面向连接的、采用"遇错重传"方式工作的协议，主要用于传送控制信息。为保证 IP 网传输数据的可靠性，该协议对丢失、损坏或超时的 IP 包进行重发。

对于压缩视频数据，采用 HTTP/TCP 传送，能够保证用户电脑所接收的内容是完整无缺的，但会因不断地重发 IP 包使得媒体数据流不断中断，再加上接收端的缓冲区容量不够大，用户端在播放节目时将不可避免地出现时断时续的现象。

因此这种传输协议不适合用于实时视频流的播放,而比较适用于"下载"播放方式。

为了保证视频流的实时播放效果,视频流一般采用 RTP/UDP 传输。因 RTP/UDP 协议不采用误码重传机制,而是简单地将那些损坏或超时的 IP 包全部丢弃,从而可以保证实时的流传输入,当然不可避免地会带来一定数量的数据错误,而在观赏视频时人眼是可以容忍一定程度的画面差错。如果在视频播放器中再加上一些差错控制措施,就采用 UDP 协议传输的视频流的播放质量还是十分令人满意的。

1. 实时传输协议

由于因特网工程任务组(IETF)制订的实时传输协议(Real-time Transport Protocol,RTP)是在因特网上实现点对点、点对多点传送数据的一种单向传输协议,只能从服务器端发送媒体流数据到客户端,所以经过简短的初始化握手和数据缓冲之后,就能开始在用户端实时播放,播放完了数据就丢弃。如果观众想要重新收看,只能通过请求从流服务器来重放。RTP一般和实时传输控制协议(Real Time Control Protocol,RTCP)配合使用,占用相继的两个 UDP 端口。RTP 负责实时媒体信息的传输,RTCP 负责相应控制信息的传输,监视 QoS 和携带预期控制信息。

RTP 数据协议用于对流媒体数据进行包封装,以实现媒体流的实时传输。每个 RTP 数据分组由一个头部和一组有效数据组成。有效数据可以是音频数据或视频数据。

2. 实时流协议

和 RTP 类似,实时流协议(Real Time Streaming Protocol,RTSP)是另一个流媒体传送协议。RTSP 用在观众和单播(Unicast)服务器通信的场合。RTSP 提供双向通信,即观众可以和流服务器通信,可根据自己的爱好对节目进行控制性操作，如暂停、快进、后退等，这些控制功能的定义由 RTSP 来完成。

在 RTSP 中，定义了实时操作控制所用到的各种消息对应的状态码、操作方法、头信息等。为了兼容现有的 Web 基础结构，RTSP 在制订时较多地参考了 HTTP，RTSP 的实现采用服务器 / 客户机体系结构，使用与 HTTP 类似的语法和操作，RTSP 服务器与 HTTP 服务器有很多共同之处。

（三）IPTV

IPTV（Internet Protocol Television）为交互式网络电视，简称网络电视，是一种利用宽带数字网络的基础设施作为传输媒介，集互联网、多媒体、通信等多种技术于一体，向家庭用户提供包括数字电视在内的多种交互式服务的新技术。用户在家中可采用两种固定有线方式获得 IPTV 服务：一种是借助于连接在宽带网上的计算机，另一种是在普通电视机上加接网络机顶盒。它能够充分有效地利用网络资源和电视节目提供商的内容优势，为用户提供多种形式的电视节目服务。

1. IPTV 的实现方式

目前，IPTV 有三种实现方式：一是最早出现的方式，通过 IP 网络直接连接到 PC 客户端；二是最普及的方式，IP 网络通过机顶盒连接到电视机；三是最为灵活的方式，通过移动网络连接到用户手机。其中，机顶盒加电视机的方式已成为 IPTV 业务的主流终端方式。

从总体上来说，IPTV 的基本工作形态是视频数字化、传输 IP 化、播放流媒体化，它的工作原理与基于互联网的电话服务（VoIP）相似，它首先将视频信息进行压缩编码，把压缩视频流封装为数据包，然后通过互联网传送给用户，最后在用户端解码，通过计算机或电视播放。IPTV 的收视要想达到标准数字电视（SDTV）的效果，必须采用高效视频压缩技术，要求传输速率至少达到 500 ~ 700 kbit/s，如果是高清数字电视（HDTV），则要求速率达到 2 Mbit/s 左右。

2. IPTV 关键技术和标准

IPTV 系统除包含流媒体技术、视频编解码技术等常见技术外，还包含内容分发（多播技术、内容发布、内容路由、内容交换等）、媒体资产管理、用户授权认证、集成解码等关键技术。

由于 IPTV 运营商采用 MPEG-2/4.H.264、AVS、VC-1 等各种视频标准，优势各异，一时难以统一。针对这种情况，在 IPTV 的解码端采用集成解码技术来解决。所谓集成解码，就是用户终端能够同时支持多种压缩标准。至于集成解码的实现，可以同时采用多个硬件模块来实现，也可以采用功能强大的通用处理器，用软件实现解码；还可以采用支持多种视频压缩格式的专用芯片，采用软、硬件相结合的工作方式。

3. IPTV 的系统和终端

IPTV 系统由三部分组成：IPTV 播出服务中心、承载网络和用户终端。具体承载网络如果是 IP 网络，如窄带 / 宽带局域网、城域网等，IPTV 终端常采用 PC、电视方式；如承载网络是同轴电缆、HFC 网络，IPTV 终端常采用"TV+ 机顶盒"方式；如承载网络是移动网络，如 4G、5G 移动网、WLAN 等，则智能手机就是 IPTV 的基本终端。

IPTV 终端基本功能包括三个方面：首先，支持目前的 LAN 或 DSL 网络传输，接收及处理 IP 数据和视频流；其次，支持 MPEG-x、H.26x、WMV、AVS 和 Real 等视频解码，支持视频点播、电视屏幕显示和数字版权管理；最后，支持 HTML 网页浏览，支持网络游戏等。

第九章　人工智能图像处理发展趋势

第一节　智能图像处理的发展动力

一、传统图像处理存在的问题

随着应用的推广和深入，传统图像处理技术以及图像处理系统在准确率、速度、精度等方面已经难以满足需求。例如，在视频监控领域，由于视频联网后导致监控中心的视频图像数据量激增，依靠人工长期监控容易产生疲劳从而导致危情漏报；在公安侦查领域，公安人员仅依靠肉眼和简单的人脸搜索技术已经难以从浩如烟海的视频和图像资料中快速找到嫌疑人；在质检领域，通过人工进行产品缺陷检查，已难以在规定的时间内完成数量巨大、流水线速度飞快的产品的检查；而在航天侦察领域，随着卫星影像技术的飞速提高，数量有限的图像判读员和传统的图像处理技术根本难以"读"完各类遥感图像数据，更无法全面、及时对其进行深度分析，这造成了硬盘的极大浪费。

二、相关技术理论发展的驱动

智能图像处理技术依赖的相关技术和理论已经或者正在发生大的进步和突破，这驱动着智能图像处理技术和应用不断发展。

硬件方面：一是 CPU、DSP、大规模可编程逻辑器件。CMOS 图像传感器以及面向并行处理的嵌入式微处理器（如 Transputer）等核心零部件的制造技术飞速发展，其性能日趋提高，价格更加亲民；二是用于海量图像集中处理和分析的 PC 从最初的 XT 系统发展到今天的多核系统，使复杂算法可在短时间内完成，尤其是低廉的价格可以通过将大量低价 PC 集群应用形成更为强大的计算能力。硬件性能的提高、功耗的降低、价格的低廉为智能图像处理技术的广泛应用提供了肥沃的土壤。

软件方面：一是深度学习、遗传算法、蚁群算法、粒子群算法与人工鱼群算法等智能算法的不断改进优化和推陈出新使得智能图像处理技术能适应更多的应用场景；二是 OpenCV、Face++、NiftyNet 等针对图像分析的开源 / 半开源平台为广大科研工作者和开发人员提供了通用的基础设施，大大降低了智能图像处理和分析系统搭建和研发的门槛，这也大幅度促进了智能图像处理的发展。

理论方面：在与智能图像处理紧密相关的光学成像领域，近几十年来国内外众多研究人员进行了大量研究和实践，目前已在高光谱成像、多光谱成像、偏振光谱成像理论方面取得了大量成绩，并将这些成像理论和相关的图像处理技术应用到农业、海洋、地质、医疗等众多国民行业；在目前最为前沿的量子计算领域，衍生发展而来的量子成像理论也取得了一定成绩，并在实验室层面取得了一定的成像效果。这些关联学科的发展既丰富了智能图像处理的技术内容，也拓宽了智能图像处理的发展道路。

三、人类认知自然本能方式的延伸

人类获取与处理的信息约有 83% 来自视觉，11% 来自听觉，5% 来自嗅觉，包括图像采集在内的图像处理可以视为眼睛的延伸，智能图像处理与分析可视为大脑的延伸。智能化图像处理以模拟和替代人眼与大脑的部分功能为目标，已成为解决智能化、知识化的有效技术途径。

四、行业应用对新兴需求的牵引

在智能图像处理技术广泛应用于各行各业的同时，各行各业层出不穷的新兴需求也促进智能图像处理的不断发展。比较典型的有以下几方面。

智能交通：智能交通系统是电子信息技术在交通运输领域应用的前沿课题，它将信息处理、定位导航、图像分析、电子传感、自动控制、数据通信、计算机网络、人工智能、运筹管理等先进技术综合运用于交通管制体系，是未来交通的发展方向。智能交通要解决对行人、道路、车辆三要素的检测以及车辆防碰撞、套牌监控、违章跟踪甚至行人行为的分析等问题，而能否高效、准确地解决这些客观需求在很大程度上取决于对各种视频图像的智能化处理水平，这给智能图像处理提出了极高的要求。

智慧医疗：目前医疗数据中有超过 90% 来自医疗影像，医疗影像数据已经成为医生诊断必不可少的"证据"之一。近年来，越来越多的人工智能方法发挥着其特有的优势，改进和结合了传统图像处理方法，应用到图像情况复杂的医学图像处理领域，这样可以辅助医生诊断、降低医生错诊的概率和工作强度；同时可以利用网络实现对边远地区病患者的远程诊断，能够大幅度提高优秀医疗资源的覆盖面和利用率。但是，眼部、肝部等不同组织在患有不同疾病时采取不同光学成像手段所形成的医学影像具有不同的特点，这需要针对不同疾病进行个性化的图像特征提取和智能分析。

现代农业：在人们对食品安全和环境保障的双重高要求下，现代农业既要向人们提供品类丰富、安全美味的各类农产品，又要尽量减少各类化学制剂的使用。面对杂草、蝗虫等农作物"敌人"的侵袭，农业科技人员在杂草自动识别、蝗虫图像监测、粮食遥感监测等方面引入智能图像处理，初步实现了高效、无害的机械除草、蝗灾防治和粮食估产等目标。但实践证明，准确率与实际要求仍有较大距离，需要对其中采用的智能算法予以进一步完善。

卫星遥感：卫星遥感图像是典型的大数据，依靠人工判读已经远远不能满足各行各业的广泛需求。目前，国内外不少公司已经采用各种智能技术对海量的卫星遥感图像进行自动化的判断和分析，但是效果经常受到云、雨、雾、霾等天气因素的影响，需要进行"云检测"和"去雾"处理，而且应用部门对卫星影像的要求已经从针对单幅图像的一次性分析变成针对多幅图像的变化趋势分析，这些不断提高的要求对智能图像处理也是一个挑战。

第二节　智能图像处理的发展趋势

一、总体发展特点

智能图像处理的发展有以下特点。

（1）图像设备智能化。随着 CPU、DSP、大规模可编程逻辑器件的普及、ARM 芯片等图像设备依赖的基础零部件性价比的大幅提高，新的高速信号处理器阵列、超大规模 FPGA 芯片的兴起，使得在图像设备硬件中集成实现更为强大的智能图像处理能力变强，由此必然带来摄像机、数码照相机智能化程度的进一步提高。

（2）图像数据视频化。在智能交通、安防监控等行业应用中，摄像头等前端设备采集的已不再是单帧或者若干帧图像，而是由海量连续、关联的图像组成的视频。视频与图像相比，一方面数据量更大，在采集、预处理、传输、存储和处理等各环节要求更高；另一方面关注点也从单幅图像中目标的识别转向一段时间中目标的行动轨迹提取和行为分析识别上，其现实难度大大提高。

（3）图像处理实时化。传统算法继续不断有所突破，新一波人工智能浪潮带来不少新的性能优良的图像处理算法，如深度学习（DL）、卷积神经网络（CNN）、生成对抗网络（GAN）等。基于这些算法出现更多结构新颖、资源充足、运算快速的硬件平台支撑，如基于多 CPU、多 GPU 的并行处理结构的计算机、海量存储单元等，为图像处理实时化提供了支持。

（4）技术运用综合化。在智能交通、智能监控等大型联网式智能系统中，通常要综合运用云计算、大数据、物联网以及智能图像处理技术等多种先进技术。其中，物联网将各种视频图像采集并汇聚到云端，而云计算与大数据一方面使得大计算量的算法训练成为可能，另一方面使得海量视频图像的实时处理成为可能，这极大地提高了各类图像数据的潜在价值与应用时效性。而随着智慧城市理念的兴起，这种趋势将更加明显。

（5）系统架构云端化。随着云计算、大数据、物联网等技术的综合应用，智能交通、灾害监测、航天侦察等面向一个行业、一个城市甚至一个国家的应用系统必将以"云＋端"架构实现，其中，涉及海量而复杂的图像分割、图像融合、图像识别等计算任务将迁移到"云"中，而摄像头、照相机等"端"节点只需负责图像视频的采集和预处理。"云＋端"架构具备良好的扩展性和动态调整能力，能适应数据量的不断增加和业务需求的不断变化。

（6）开发模式平台化。搭建一个具有智能图像分析功能的系统要用到大量的智能算法库和图像处理库，对于中小公司和个人开发者来说这是一个颇费时费力的工作，从而限制了智能图像处理研究的广泛开展。目前已有 OpenCV 和 NiftyNet 等开源平台提供免费的开发平台和环境，而 Face++ 也面向不同级别用户提供不同等级的开发服务，其中包括云服务模式。可以预见，在未来若干年，将会有更多类似的平台出现。

（7）行业应用深度化。智能图像处理的根本价值来源于解决实际问题的能力，其发展轨迹必然是"从应用中来，到应用中去"。目前智能图像处理在工业、农业、军事、民用、科研等领域得到了广泛应用。一方面，智能图像处理解决了这些行业的一些急需问题；另一方面，这些行业层出不穷的新需求反过来也牵引、促进智能图像处理技术的针对性改进，最终必然形成两者深度融合的局面。

（8）军民应用融合化。从历史经验看，高新技术通常从军事领域孕育成熟，然后在民用领域发展壮大，智能图像处理似乎也不例外。目前，以卫星遥感为典型，其军民两用的属性使得卫星遥感影像的智能化处理技术在军事侦察、国土监测、海洋研究、粮食估产、航运管理等众多领域得到了广泛深度的应用，并且其发展势头颇为锐不可当。

二、图像设备发展趋势

随着 CPU.DSP 等各类计算单元成本的降低和性能的提高，各类图像设备不断推陈出新。目前市场上主要应用有数字摄像机、模拟摄像机，其种类包括枪机、球机、一体化摄像机等，其中大都采用了先进的设计和一流的芯片产品。但从应用程度来看，绝大部分的视频监控还仅停留在实时浏览和录像层面，无法识别画面中的内容，更谈不上思考和行动，缺乏一定的智能化图像处理，难以形成大规模监控网络，尚不能满足当前安防市场对视频监控技术的需求。

如果视频监控能够通过机器视觉和智能分析识别出监控画面中的内容，并通过后台的云计算和大数据分析来做出思考和判断，并在此基础上采取行动，我们就能够真正地让视频监控代替人类去观察世界。要做到这一点，我们必须拥有具备感知能力的摄像机。因为，只有前端摄像机具有感知识别功能，我们才能进行智能分析的规模化部署和应用。智能化是安防监控摄像机发展的趋势。

（一）智能摄像机

Smart IPC（智能型摄像机）的出现，让我们看到了曙光。Smart IPC 主要提供越界侦测、场景变更侦测、区域入侵侦测、音频异常侦测、虚焦侦测、移动侦测、人脸侦测、动态分析等多种报警功能，通过警戒线、区域看防等功能输出告警信号，但是无法感知和识别画面中的内容，智能化程度较低。大数据时代，我们需要的是真正具备感知和识别能力的摄像机。Intelligent IPC（感知型摄像机）就是这样的摄像机，它能够根据视频的智能分析识别出监控画面中的内容，并对其进行语义描述和最佳图片抓拍，然后通过后端云计算平台进行分析，代替我们做出思考和判断。根据监控场景和需要识别的内容，科达找到了三个系列的感知型摄像机产品：特征分析摄像机、车辆卡口摄像机、人员卡口摄像机。

（二）智能化自动跟踪摄像机

目前市面上有一种"自动跟踪全景高速球形摄像机"凸显出了监控智能化技术水平。它采用仿生学设计，组合超大广角摄像机与高变倍球型云台摄像机，模拟鹰眼视觉系统，能够在大范围内全景预览的同时，对现场任意角落的细节进行监控。另外，它在提供球型云台摄像机的全部功能之外，还采用嵌入式系统设计，加入了智能检测以及跟踪算法。对于全景大范围内或者设置的感兴趣区域内出现的目标进行自动跟踪，直到跟踪的目标消失或者感兴趣区域内出现新的目标。

（三）具有图像增强功能的红外摄像机

智能红外摄像机是一款极低照度全彩色实时摄像机。由于采用了超灵敏度图像传感器和电子倍增和噪点控制技术，能够极大地提高照度，在一般星光级照度情况下具有全彩色实时图像，所以没有普通低照度的拖尾现象。而当应用环境非常暗甚至没有光线时，智能红外摄像机会启动红外灯。智能红外摄像机的红外灯采用一颗单晶点阵红外灯，具有热量小、亮度高、效率高、寿命长等特点，并能有效解决散热问题，最远距离 70 m。该摄像机采用不同的透镜可以改变不同的照射角度和距离，不同的照射角度配合不同的镜头使用。

三、图像处理硬件系统发展趋势

图像处理通常涉及较大计算量，而智能图像处理因为使用到深度学习、神经网络等新型算法更是需要海量、复杂的计算。目前许多智能算法离实际应用还有很大差距，其主要原因之一就是运算量太大，而当前的计算机硬件系统性能难以支撑。随着智能算法的推陈出新以及各种应用场景的迫切需求，支持图像处理中大规模并行计算的芯片和硬件系统也逐步向着智能化方向发展。

（一）现状：三强争霸

目前智能图像处理的芯片市场处于三强争霸态势，其中主流产品包括 CPU、GPU 和 FPGA 三大类。

（1）CPU。CPU 基于经典的冯·诺依曼架构，主要针对算术运算、计算与存储功能分离，主要应用于非嵌入式环境下基于云平台的大规模图像处理系统的搭建，主要代表厂商是英特尔和 ARM。但 CPU 在架构设计之初就不是针对神经网络计算，在处理深度学习问题时效率很低，尤其是在当前功耗限制下无法通过提升 CPU 主频来加快指令执行速度，这更加制约了 CPU 在智能图像处理领域（尤其是嵌入式环境下）的应用和推广。

（2）GPU。GPU 在设计之初便是面向类型高度统一、相互无依赖的大规模数据和不需要被打断的计算环境，且具有低延迟、大吞吐量的特点，非常适合大规模图像处理计算，其主要代表厂商是英伟达（Nvidia）。在过去的几年，尤其是 2015 年以来，人工智能很大程度上的大爆发就得益于英伟达公司各类 GPU 性价比的不断提高以及带来的广泛应用。目前，英伟达的 GPU 芯片占据了大部分通用计算市场，其 Tegra 系列智能芯片更是已经应用到特斯拉的智能驾驶汽车中。

（3）FPGA。FPGA（现场可编程逻辑门阵列）运用硬件语言描述电路，根据所需要的逻辑功能对电路进行快速烧录，拥有与 GPU 相当的超强计算能力，且具有可编程和低成本两个优势，这使得基于 FPGA 的软件与终端应用公司能够提供与其竞争对手不同且更具成本优势的解决方案，其主流厂商包括硅谷的 Xilinx 与 Altera，其中 Altera 已于 2015 年被英特尔斥巨资收购。但是，FPGA 也面临着因为 OpenCL 编程平台应用不广泛、硬件编程实现困难等导致生态圈不完善、推广阻力大等不利因素。

（二）未来：智能主导

智能图像处理越来越多地应用到深度学习，而深度学习实际上是一类多层大规模人工神经网络。它模仿生物神经网络而构建，由若干个人工神经元节点互联而成。神经元之间通过突触两两连接，突触记录了神经元间联系的权值强弱。面对模仿人类大脑的深度学习，传统的处理器（包括 x86 和 ARM 芯片以及 GPU 等）存在以下不足。

（1）主要面向通用计算。深度学习的基本操作是神经元和突触的处理，而传统的处理器指令集（包括 x86 和 ARM 等）是为了进行通用计算发展起来的，其基本操作为算术操作（加减乘除）和逻辑操作（与或非），深度学习的处理效率不高。因此谷歌甚至需要使用上万个 x86 CPU 核运行 7 天来训练一个识别猫脸的深度学习神经网络。

（2）计算存储架构分离。神经网络中存储和处理是一体化的，都通过突触权重来体现。而冯·诺依曼结构中，存储和处理是分离的，分别由存储器和运算器来实现，两者之间存在巨大的差异。当用现有的基于冯·诺依曼结构的经典计算机（如 x86 处理器和英伟达 GPU）来实现神经网络应用时，就不可避免地受到存储和处理分离式结构的制约，从而影响效率。

为了克服以上不足，全球众多芯片厂商和科研机构针对神经网络处理特点开始了关于神经网络处理器（NPU）的探索和实践，近年来已经取得了不少成果。其中，出自中国科学院的寒武纪芯片吸引了国人的广泛关注，其 DianNaoYu 指令直接面向大规模神经元和突触的处理，一条指令即可完成一组神经元的处理，并对神经元和突触数据在芯片上的传输提供了一系列专门的支持。虽然这些神经网络处理器的公开报道因为商业原因可能有一定的宣传成分，但神经网络处理器的发展大趋势已经非常清晰。可以预见，在不远的未来，神经网络处理器将在智能图像处理领域发挥主导作用。

四、图像处理技术发展趋势

（一）图像识别技术发展趋势

目前全新的读图时代已经来临，随着图像识别技术的不断进步，越来越多的科技公司开始涉足图像识别领域，这标志着读图时代正式到来。图像识别技术经历了从初级阶段到高级阶段的发展，并将进入更加智能的未来。

1. 图像识别的初级阶段——娱乐化、工具化

在这个阶段，用户主要是借助图像识别技术来满足某些娱乐化需求。例如，百度魔图的"大咖配"功能可以帮助用户找到与这长相最匹配的明星，百度的图片搜索可以找到相似的图片；Facebook 研发了根据相片进行人脸匹配的 DeepFace；雅虎收购的图像识别公司 IQ Engine 开发的 Glow 可以通过图像识别

自动生成照片的标签以帮助用户管理手机上的照片。

这个阶段还有一个非常重要的细分领域——光学字符识别，是指光学设备检查纸上打印的字符，通过检测暗、亮的模式确定形状，然后用字符识别方法将形状翻译成计算机文字的过程，也就是计算机对文字的阅读。人们可以借助互联网和计算机轻松获取和处理文字，但如果是图片格式的文字，就给人们获取和处理文字增添了很多麻烦。所以需要借助于光学字符识别技术将这些文字和信息提取出来。在这方面，国内产品包括百度的涂书笔记和百度翻译等；而谷歌借助经过训练的大型分布式神经网络，可以对 Google 街景图库的上千万个门牌号进行识别，其识别率超过 90%。

在这个阶段，图像识别技术仅作为辅助工具存在，为我们自身的人类视觉提供了强有力的辅助，带给我们一种全新的与外部世界进行交互的方式。我们可以通过搜索找到图片中的关键信息；可以随手拍下一件陌生物体而迅速找到与这相关的各类信息；也可以将人脸识别作为主要的身份认证方式……这些应用虽然看起来很普通，但当图像识别技术渗透到我们行为习惯的方方面面时，就相当于把一部分视力外包给了机器，如同我们把部分记忆外包给了搜索引擎一样。

这将极大改善我们与外部世界的交互方式，此前利用科技工具探寻外部世界的流程是这样的：人眼捕捉目标信息—大脑对信息进行分析—转化成机器可以理解的关键词—与机器交互获得结果。而当图像识别技术赋予了机器"眼睛"之后，这个过程就可以简化为：人眼借助机器捕捉目标信息，机器和互联网直接对信息进行分析并返回结果。图像识别使摄像头成为解密信息的钥匙，我们仅需把摄像头对准某一未知事物就能得到预想的答案。就像前百度科学家余凯所说，摄像头成为连接人和世界信息的重要入口之一。

2. 图像识别的高级阶段——拥有视觉的机器

图像识别初级阶段的图像识别技术是作为一个工具来帮助我们与外部世界进行交换，只为我们自身的视觉提供了一个辅助作用，所有的行动还需自己完成。而当机器真正具有了视觉之后，它们完全有可能代替我们去完成这些行动。目前的图像识别应用就像是盲人的导盲犬，在盲人行动时为指引方向；而未来的图像识别技术将会同其他人工智能技术融合在一起成为盲人的全职管家，不需要盲人做任何事情，而是由这个管家帮助其完成所有事情。举个例子，如果图像识别是一个工具，就如同我们在驾驶汽车时佩戴谷歌眼镜，它将外部信息进行分析后传递给我们，我们再依据这些信息做出行驶决策；而如果将图像识别应用在机器视觉和人工智能上，这就如同谷歌的无人驾驶汽车，机器不仅可以对外部信息进行获取和分析，还全权负责所有的行驶活动，让我们得到完全解放。

在人工智能最权威、最经典的《人工智能：一种现代的方法》一书中提到，在人工智能中，感知是通过解释传感器的响应，而为机器提供它们所处的世界的信息，其中它们与人类共有的感知形态包括视觉、听觉和触觉，而视觉最为重要，因为视觉是一切行动的基础。Chris Frith 在《心智的构建》中提到，我们对世界的感知不是直接的，而是依赖于"无意识推理"，也就是说在我们能感知物体之前，大脑必须依据到达感官的信息来推断这个物体可能是什么，这构成了人类最重要的预判和处理突发事件的能力。机器视觉之于人工智能的意义就是视觉之于人类的意义，而决定机器视觉的就是图像识别技术。

更重要的是，在某些应用场景，机器视觉比人类的生理视觉更具有优势，它更加准确、客观和稳定。人类视觉有着天然的局限性，我们看起来能立刻且毫不费力地感知世界，而且似乎也能详细生动地感知整个视觉场景，但这只是一个错觉，只有投射到眼球中心的视觉场景的中间部分，我们才能详细而色彩鲜明地看清楚。偏离中间大约 10° 的位置，神经细胞更加分散并且智能探知光和阴影。也就是说，在我们视觉世界的边缘是无色、模糊的，因此，我们才会存在"变化盲视"，才会在经历着多样事物发生时，仅仅关注其中一样，而忽视了其他事物的发生，而且不知道它们的发生。而机器在这方面就有着更多的优势，它们能够发现和记录视力所及范围内发生的所有事情。

许多科技巨头也开始了在图像识别和人工智能领域的布局，Facebook 签下的人工智能专家 Yann LeCun 最大的成就就是在图像识别领域，其提出的 LeNet 为代表的卷积神经网络，在应用到各种不同的图像识别任务时都取得了不错的效果，被认为是通用图像识别系统的代表之一；Google 借助模拟神经网络"DistBelief"。通过对数百万份 YouTube 视频的学习自行掌握了猫的关键特征，这使机器在没有人帮助的情况下自己读懂了猫的概念。图像识别技术连接着机器和它所一无所知的世界，帮助它越发了解这个世界，并最终代替我们完成更多的任务。

目前基于分类图片的图像识别已经非常准确，没有太大的发展空间。未来图像识别人工智能的研究将转向没有标注的图片和视频。此外，图像识别技术的下一个挑战是视频识别，这方面 Facebook 的计算视觉技术已经取得一些进展，能够在查看视频的同时理解并区分视频中的物体，如猫或食物。对视频中物体的实时区分功能将大大提高 Facebook 视频直播的推荐内容准确性，而且随着技术水平的提升，未来机器将能根据场景、物体和动作的时空变化给出实时的描述。

（二）智能图像分析技术发展趋势

基于视频的智能图像分析技术存在以下几个方面难点。

1.智能分析的准确率。视频分析技术的准确率达不到非常理想的效果。例如，在实时报警类的应用中，误报率和漏报率都是客户最关心的问题。特别是一些要求比较高的应用，只要有漏报，实际作用就微乎其微。

2.智能分析对环境的适应性。智能图像分析对场景的要求高,光照变化引起目标颜色与背景颜色的变化,可能造成虚假检测与错误跟踪。采用不同的色彩空间虽然可以减轻光照变化对算法的影响,但无法完全消除影响。

3.智能分析在不同场景使用的复杂性。安装调试复杂的智能分析应用产品几乎都需要按每一个应用场景进行不同的参数调试,而且会涉及非常多的专业的参数调试,非专业人员根本无法调试出理想效果。

随着经济环境、政治环境、社会环境的发展,城市建设日趋复杂,高楼林立道路交错,各行业对安防的需求不断增加,同时对于安防技术的应用性、灵活性、人性化也提出了更高的要求,传统安防技术的局限性日益凸显。视频的高清化已经成为现实,制约智能分析分辨率的障碍已经消除,未来基于智能分析技术的安防应用将会是安防发展的一个大方向。给视频装上大脑,实时能看得懂视频、快速检索历史视频成为新常态。传统的视频监控系统将会因为智能分析技术的大规模应用,逐步向智能大数据综合应用系统发展。在这样的大背景下,智能图像分析技术发展呈现出以下几种趋势。

(1)前端智能不断发展。各种智能型摄像机(Smart IPC)和感知型摄像机(Intelligent IPC)不断涌现,包括专注几种智能分析算法的专用 IPC。感知型摄像机的推广是未来城市建设的一个必备要素,如果视频监控能够通过机器视觉和智能分析识别出监控画面中的内容,并通过后台的云计算和大数据分析做出思考和判断,并在此基础上采取行动,我们就能够真正地让视频监控代替人类去观察世界。而要做到这一点,必须拥有具备感知功能的摄像机。因为只有前端摄像机具有感知识别功能,才能进行智能分析的规模化部署和应用。可以说感知型摄像机是智能分析经济性和规模化部署的基础,也是智慧城市大数据应用的关键,要真正拥抱大数据时代,感知型摄像机无疑才是视频监控的基石。

（2）算法准确率和环境适应性不断提高。随着图像检测、跟踪、识别等技术的发展，特别是机器学习、人工智能等技术的不断进步，使得图像智能分析算法的准确率和环境适应性不断提高，促进了智能分析应用的大规模部署。深度学习能够根据不同复杂环境进行自动学习和过滤，能够将视频中的一些干扰目标进行自动过滤，从而达到提高准确率，降低调试复杂度的目标。

（3）智能分析与云计算、大数据的融合应用将越来越多。大数据与视频监控具有必然的联系，据统计，每天全国新产生的视频数据达到 PB 级别（1 PB=1 024 TB），占全部大数据份额的 50% 以上，因此，视频就是大数据。在安防领域，主要的数据来源是视频，与其他行业结构化的数据不一样，视频本身就是一种非结构化的数据，不能直接进行处理或分析。因此，安防部门要进行大数据应用，首先就要采用智能分析技术将非结构化的视频数据转换成计算机能够识别和处理的结构化信息，即将视频中包含的有关信息（主要是运动目标及其特征）提取出来，转换成文字描述并与视频帧建立索引关联，这样才能通过计算机来对这些视频进行快速搜索、比对、分析等。

第三节　图像处理与分析开发平台

目前已有不少针对图像智能处理和分析的开发平台，它们集成了大量的图像处理库与算法库。基于这些平台，广大开发人员可以直接利用其提供的完整、成熟、丰富的各项功能，快速搭建和开发图像智能处理和分析系统。

一、OpenCV

（一）平台概况

OpenCV 于 1999 年由 Intel 建立，如今由 Willow Garage 提供支持，是一个基于 BSD 许可协议的开源跨平台计算机视觉库，可以运行在 Linux、Windows 和 Mac OS 操作系统上。它轻量级而且高效，由一系列 C 函数和少量 C++ 类构成，同时提供了 Python、Ruby、MATLAB 等语言的接口，实现了图像处理和计算机视觉方面的很多通用算法。

OpenCV 拥有包括 500 多个 C 函数的跨平台的中、高层 API。它不依赖于其他的外部库，但可以使用某些外部库。

（二）平台优势

相比于目前市场上的视觉软件，OpenCV 具有以下优势。

（1）专门团队支持，运行稳定，运行速度快，兼容性强。目前研究型项目大多存在运行速度慢、不稳定以及版本独立不兼容等问题。

（2）完全免费，无论是对商业应用还是非商业应用。而使用 Halcon、Matlab+Simulink 等商业工具都需要支付高昂的费用。

（3）跨平台，能支持 Windows、Linux 和 Mac OS 等多个平台。

（4）为 Intel 的高性能多媒体函数库（Integrated Performance Primitives，IPP）提供了透明接口。这意味着，如果有为特定处理器优化的 IPP 库，OpenCV 将在运行时自动加载这些库，以得到更快的处理速度。

OpenCV 正致力于形成标准的 API，从而简化计算机视觉程序和解决方案的开发。

（三）应用方式

OpenCV 所有的开放源代码协议允许个人免费使用 OpenCV 的全部代码或者 OpenCV 的部分代码生成商业产品。使用 OpenCV 后，个人不必要对公众开放自己的源代码或改善后的算法。许多公司（IBM、Microsoft、Intel、SONY、Siemens 和 Google 等其他公司）和研究单位（如斯坦福大学、麻省理工学院、卡耐基梅隆大学、剑桥大学）都广泛使用 OpenCV，其部分原因是 OpenCV 采用了这个宽松的协议。

（四）应用领域

自从 OpenCV 发布 Alpha 版本之后，它就被广泛用于许多应用领域中。相关应用包括卫星地图和电子地图的拼接、扫描图像的对齐、医学图像去噪、图像中的物体分析、安全和入侵检测系统、自动监视和安全系统、制造业中的产品质量检测系统、摄像机标定、军事应用、无人飞行器、无人汽车和无人水下机器人。例如，在斯坦福大学的 Stanley 机器人项目中，OpenCV 是其视觉系统的关键部分。

二、Face++

（一）平台简介

Face++ 是新一代云端视觉服务平台，提供一整套世界领先的人脸检测、人脸识别、面部分析的视觉技术服务。

Face++ 旨在提供简单应用、功能强大、平台通用的视觉服务，让广大的 Web 及移动开发者可以轻松使用最前沿的计算机视觉技术，从而搭建个性化的视觉应用。Face++ 同时提供云端 REST API 以及本地 API（涵盖 Android、iOS、Linux、Windows、Mac OS），并且提供定制化及企业级视觉服务。通过

Face++，可以轻松搭建自己的云端身份认证、用户兴趣挖掘、移动体感交互、社交娱乐分享等多类型的应用。

（二）平台特色

通过 Face++ 人脸识别技术可以自动识别出照片、视频流中的人脸身份，可以实现安防检查、VIP 识别、SNS 照片自动圈人、智能相册管理、人脸登录等多种功能。人脸识别中还包含人脸聚类，可以自动将同一个人的脸聚集到一起，方便图片管理。

1. 人脸检测

（1）人脸检测、追踪。Face++ 人脸检测与追踪技术提供快速、高准确率的人像检测功能。能够支持图片与实时视频流，支持多种人脸姿态，并能应对复杂的光照情况。可以令相机应用更好地捕捉到人脸区域，优化测光与对焦；同时，还可以使用人脸追踪技术进行游戏交换，提供全新的体感游戏体验。

（2）人脸关键点检测。Face++ 人脸关键点检测可以精确定位面部的关键区域位置，包括眉毛、眼睛、鼻子、嘴巴等；精准定位人脸，美化局部，做到智能美妆美化。同时，使用实时的人脸关键点检测技术还可以实现表情交换等多媒体应用。

2. 人脸分析

（1）微笑分析。微笑分析技术可以精确分析一张图片或者视频流中人物是否在微笑，以及相应的微笑程度。从而轻松捕捉每一个微笑的瞬间，在相机应用中实现"微笑快门"。还可以通过微笑与设备进行交换。

（2）面部属性分析。Face++ 提供精准的面部属性分析技术，可以快速分析摄像头前的用户人脸，从图片或实时视频流中分析出人脸的性别、年龄、种族等多种属性，帮助电子商务及各类应用实现精准个性化。

3. 人脸识别

（1）1：1人脸验证。Face++ 1：1人脸验证技术可以快速判定两张照片是否为同一个人，或者快速判定视频中的人像是否是某一个特定的人。人脸验证可被用于身份认证、智能登录等应用场景。

（2）大规模人脸搜索。Face++ 大规模人脸搜索技术可实现亿级人脸的快速检索。基于人脸搜索技术，可以实现真正的互联网人脸搜索引擎，广泛应用于社交搜索、逃犯追缉等应用场景。

3. 应用方式

Face++ 平台可为个人、公司等各类用户提供使用云端 API、离线 SDK 和定制化云服务三种服务方式。

企业版：在提供性能更好的 API 服务的基础上，还提供离线 SDK 和定制化云服务等形式。开发者和公司可以通过购买企业版服务的方式构建功能强大、性能卓越的人脸识别 APP 甚至应用系统。

Face++ 这种灵活的应用方式能够将人脸识别技术广泛应用到互联网及移动应用场景中，从而让广大的 Web 及移动开发者可以轻松使用最前沿的计算机视觉技术，搭建出个性化的视觉应用。

4. 应用领域

Face++ 在人脸识别领域的优异表现使其在众多行业得到了广泛的应用，其中最突出的是其被应用到了支付宝的人脸支付功能中。除此之外，Face++ 还与 360 搜索达成了合作，进行试水阶段的图片搜索应用，为 360 搜索的用户提供"美女魔镜"等服务；同时它也为世纪佳缘设计人脸识别场景，让用户可根据自己对另一半长相的需求，从网站的数据库中搜索相似外貌的用户。除此之外，它的服务对象还包括美图秀秀、美颜相机、联想、神州智联等。

三、NiftyNet

（一）平台简介

NiftyNet 是一款基于卷积神经网络的医疗影像分析平台，为研究社区提供一个开放的机制来使用、适应和构建各自的医疗影像研究成果，由 WEISS（Wellcome EPSRC Centre for Interventional and Surgical Sciences）、CMIC（Centre for Medical Image Computing）和 HIG（High - dimensional Imaging Group）三家研究机构共同推出。

（二）平台特色

NiftyNet 构建在 TensorFlow 上（默认使用 TensorBoard），能为各种医疗影像应用提供模块化的深度学习流程，包括语义分割、回归、图像生成和表面学习等常见的医学影像任务。NiftyNet 的处理流程包括数据加载、数据增强、网络架构、损失函数和评估指标等组件，它们都是针对并利用医学影像分析和计算机辅助诊断的特征而构建的。

1. 开发特性

NiftyNet 采用模块化设计，专门针对医学图像处理分析以及医学影像辅助治疗，包含了可共享的网络和预训练模型，支持研究和开发人员方便、快速地搭建针对医学图像处理的神经网络模型。使用该模块架构，开发人员还可以开展以下工作。

（1）使用内使用工具，建立好的预训练网络。

（2）基于自有的图像数据改造已有的网络。

（3）基于自有的图像分析问题快速构建新的解决方案。

2. 平台特征

NiftyNet 现在支持医疗影像分割和生成式对抗网络，它是一个研究型平台，目前并不面向临床使用，NiftyNet 具有以下特征。

（1）易于定制的网络组件接口。

（2）共享网络和预训练模块。

（3）支持 2D、2.5D、3D、4D 输入。

（4）支持多 GPU 的高效训练。

（5）多种先进网络的实现（HighRes3DNet、3D U-net、V-net、Deep Medic）。

（6）对医疗影像分割的综合评估指标。

（三）平台应用

NiftyNet 因为开源较晚，目前主要应用于国外，其在国内的应用尚未见报道。

四、其他开源项目

除了 OpenCV、Face++ 和 NiftyNet 之外，能为搭建智能化图像处理框架和系统提供支撑的还有 JavaCV、QVison、OpenVIDIA 与 Matlab 等开源项目。

JavaCV：一款开源的视觉处理库，基于 GPLv2 协议，对各种常用计算机视觉库封装后的一组 jar 包，封装了 OpenCV、libdc 1394、OpenKinect、videoInput 和 ARToolKitPlus 等计算机视觉编程人员常用库的接口。JavaCV 通过其中的 utility 类方便地在包括 Android 在内的 Java 平台上使用这些接口。

QVison：基于 QT 的面向对象的多平台计算机视觉库，可以方便地创建图形化应用程序，算法库主要从 OpenCV、GSL、CGAL、IPP、Octave 等高性能库借鉴而来。

OpenVIDIA；集成了诸多计算机视觉算法，使用 OpenGL、Gg 和 CUDA-C 可运行于图形硬件，如单个或多个图形处理单元（GPUs）。一些实例得到了 OpenGL 和 Direct Compute API 和 apos 的支持。

Matlab：Matlab 的计算机视觉包（http：//www.sochina.net/p.mvision）包含用于观察结果的 GUI 组件，用于学习或者验证算法。

第四节　智能图像处理应用发展趋势

随着技术成熟度的不断提高，智能图像处理的应用愈来愈渗透到人们生活的各个角落，一方面，在智能交通、安防监控等人们熟知领域的应用更加深入；另一方面，在工业制造、农业生产、军事航天等重要行业的应用也越来越广泛，已在诸多领域创造出新的生活和工业模式。反过来，这些需求各异的行业应用也吸引了更多公司与科研机构投入其中，从而促进了智能图像处理技术的进一步发展。

一、智能安防行业

（一）看得更清

人们对高清的追求永无止境。从标清、高清到超高清，再到 4K，智能安防厂家纷纷推出新一代智能摄像机——它们不仅像素极高，还能智能截取画面，在恶劣光线下也能实现高清监控。

针对无光或者弱光环境下监控摄像机无法拍摄清晰画面的难题，相关企业开发了"星光级摄像机"，实现在低照度环境下无须补光仍可保证画面清晰、细节丰富、噪点小。

针对雾霾天研发出的透雾技术摄像机，即使在大气环境极其恶劣的情况下，也可保证对区域的实时高清监控。

（二）看得更准

利用人脸的唯一匹配性，一种基于人的相貌特征信息进行身份认证的生物识别技术逐渐兴起，也因安全优势正在被广泛接受。

门禁模式下，省去公司职员刷卡或前台人员开门的步骤，通过人脸识别自动开启门禁；考勤模式下，代替传统、陈旧的打卡系统，通过人脸识别技术有效避免代替打卡、指纹膜等一系列问题。

目前较新型的智能迎宾系统是一套动态人脸识别系统，非常具有代表性，如果放在公司门口，可能就是一个操控门的智能门禁；如果放在会场，可能是一套嘉宾签到系统；如果放在商店门口，可能就是一套 VIP 识别系统。

（三）看得更远

摄像头想要真正地"思考"世界，做出及时响应，要求后台能够处理海量数据、灵活存储数据、快速解锁并提供高效分析和统计数据。在云数据支撑下，智能安防已经不仅局限于安防领域，更像是一个入口。

二、智能交通领域

在智能交通领域，智能图像处理已被不同程度地应用于无人驾驶、智能防碰撞等多个应用场景，其性能不断提高，作用不断凸显。

（一）无人驾驶

无人驾驶的基础是感知。没有对车辆周围三维环境的定量感知，就犹如人没有了眼睛，无人驾驶的决策系统就无法正常工作，而感知离不开智能图像识别的重要支撑。通过智能图像识别与计算机视觉等技术，无人驾驶系统可以识别在行驶途中遇到的物体，如行人、空旷的行驶空间、地上的标志、红绿灯以及旁边的车辆等。

谷歌、特斯拉、百度等公司已经推出了能够上路驾驶或者测试的无人汽车，其中百度在国内公司中走在前列。百度无人驾驶车的技术核心是"百度汽车大脑"，包括高精度地图、定位、感知、智能决策与控制四大模块。而且百度无人驾驶车依托国际领先的交通场景物体识别技术和环境感知技术，实现高精度车辆探测识别、跟踪、距离和速度估计、路面分割、车道线检测，为自动驾驶的智能决策提供依据，而其中的物体识别技术就深度应用到了智能图像识别技术。

(二) 智能防碰撞

随着我国汽车产业的迅猛发展，汽车从奢侈品已变成较普通的商品进入了普通百姓的家中。当汽车在给人们带来方便的同时，长时间驾驶导致的疲劳，以及开车打电话、刷微信、传视频等系列不良驾驶习惯导致的车祸也屡屡发生。与此同时，车辆安全性科技配置已经不再仅仅依赖几个气囊、ESP 等常见配置，汽车自动防碰撞系统越来越受到汽车厂商和驾驶人员的关注和重视。

汽车自动防碰撞系统是防止汽车发生碰撞的一种智能装置，它综合应用包括智能图像识别在内的多种技术，对车载各类摄像头采集到的图像数据进行实时、智能的分析，能够自动发现可能与汽车发生碰撞的车辆、行人或其他障碍物体，向驾驶员发出车道偏移预警、侧后方盲区预警等警报或同时采取制动或规避等措施，从而避免碰撞的发生。

目前，包括特斯拉、克莱斯勒和一汽、东风在内的国内外厂商推出了各自的防碰撞系统或者功能，如特斯拉研发的 Autopilot 自动辅助驾驶功能，可以实现半自动驾驶，辅助驾驶者规避误操作或者因不良驾驶习惯而导致的碰撞风险；而东风日产天籁搭配的 NISSANi-SAFETY 智能防碰撞安全系统整合了前方碰撞紧急制动系统、防误踏油门系统、车道偏离预警系统、侧方盲区预警系统、全景影像系统以及移动物体检测系统，提高了行车的安全性。

三、身份识别

目前基于生物特征的身份识别技术主要包括声音识别、人脸识别、虹膜识别等，而眼纹识别、步态识别等新技术也日益成熟，并逐渐应用到网络金融、安检进站、人群中抓罪犯等场景中，其中人脸识别、虹膜识别、眼纹识别、步态识别均应用了智能图像处理技术。

（一）眼纹识别

眼纹识别是利用眼白的可见静脉图案进行身份识别，因为没有任何两个人的脉管系统完全相同，即便是长相极端相似的同卵孪生兄弟或者同卵四胞胎，其中每个人的眼纹特征也是独一无二的，所以可以被用作识别个人身份的生物特征。根据介绍，在充足的可见光下，用户很自然地看着手机的前置摄像头就可以进行眼纹识别，而不用像虹膜识别需要特殊的摄像头。

（二）步态识别

所谓步态识别，就是只通过走路姿势，在极短时间内，摄像头就可识别特定对象。不同于人脸识别需要"主动配合"，哪怕一个人在几十米外背对摄像头，机器也可通过算法把你认出来。如果你看过《碟中谍5》，一定会对电影中最后一道安保系统——步态识别印象深刻，它可以对生物体的身体和步态进行360°无死角扫描，识别进入者的身份。

四、工业生产领域

机器视觉系统是指通过视觉图像获取装置获取被测目标的图像信号，根据图像像素的颜色、亮度等信息，进行目标特征的检测提取、分析判别，进而根据判别的结果来控制现场的设备动作。随着机器视觉技术与人工智能、智能图像识别等技术的深度结合和各自发展，机器视觉技术对机器零部件的识别、定位能力越来越高，已经被广泛应用于零部件检测、食品生产、精密机械制造等不同行业，能大幅度提高工业生产线的装配效率和检测一致性，从而进一步促进工业生产过程的自动化和智能化。

（一）PCB 缺陷检测

我国已经成为印刷电路板（Printed Circuit Board，PCB）生产大国，是全球产值最大的 PCB 生产基地。在 PCB 的生产过程中，裸板缺陷检测是确保产品质量的重要工序之一。该工序主要检查蚀刻后的 PCB 是否存在线路问题，如短路、断路、线宽和线距过宽或过窄等；瑕疵，如凹陷、凸起、余铜等；孔位缺陷，如孔位偏移、缺失等。

目前，裸板缺陷检测有几种常用方法：人工目测、接触式检测以及非接触式。其中人工目测存在易疲劳、不稳定和效率低等缺陷；接触式检测容易对产品产生影响；而基于机器视觉的 PCB 缺陷检测（Automatic Optical Inspection，AOI）是非接触式检测中的重要方法之一，具有检测速度快、无损伤、检测范围更宽、检测精度更高等特点。

基于机器视觉的 PCB 检测系统通过 CCD 摄像头获取 PCB 图像，对图像进行去噪、增强、二值化等处理，通过对 PCB 图像的智能识别分析，并与 PCB 参考模板比对，快速而准确地发现印刷电路板的常见缺陷，并将识别结果存档、报告。在计算机的控制下，PCB 传送机构将待检 PCB 传送到检测室。在检测室内，由面阵 CCD 工业相机对 PCB 进行扫描拍照，并将图像传送到计算机中进行缺陷检测。检测完成后将 PCB 分为合格品和非合格品传出。

目前，英国 DiagnoSYS、美国 Tera-dyne、日本 OMRON 以及国内部分公司已经有成熟产品应用于 PCB 生产企业的检测中。

（二）食品加工

随着人口红利逐渐消失，劳动力短缺，食品加工企业招工越来越难，用人成本增加；同时，由于食品行业的特殊性，要严格保障食品的安全，人工挑选不仅效率低，而且容易产生二次污染，影响产品品质。在食品加工行业，进行技术革新，用机器取代人工，是未来的发展趋势。例如，利用 3D 机器视觉系统对无序来料进行位置定位、品相识别和分类，指导机械手进行抓取、搬运、旋转、摆放等操作。综合运用人工智能算法和图像识别技术进行食品和农产品的智能分拣等。不仅识别准确率高，而且能够极大地提升生产效率。

（三）焊缝跟踪

目前，焊接机器人在汽车、机床、核电等制造行业的应用越来越广泛，但在工件装配精度、坡口状况、接头形式等焊接条件的影响下，焊枪偏离焊接位置从而降低焊接质量和生产效率的情况屡见不鲜。焊缝跟踪系统通过应用包括摄像头等各种传感器技术，采集焊接过程中产生的电、光、热、力、磁等物理信号可以大大提高焊接质量和焊接过程的自动化程度。相比基于电磁学、超声技术的焊缝跟踪传感器，基于视觉的传感器不与工件接触，直接获取焊接区域的三维图像信息并对图像进行实时的综合处理，具有再现性好、实时响应性高、使用寿命长等特点。

（四）机器码垛

随着物流产业的飞速发展，国内外码垛技术实现了跨越式的进步。早期的人工码垛存在负载量低、吞吐量小、劳动成本高、搬运效率低等问题，无法满足自动化工业生产的需求。在工业生产中，普遍用于自动化生产中的码垛机器人实质上是一种普通的工业搬运机器人，主要负责执行装载和卸载的任务，且一般都采用预先设定好抓起点和摆放点的示教方法。这种工作方式无法对生产线的情况进行分析判断，如不能区分工件大小、不能判断工件是否合格、不能对工件进行分拣，而只是被动地搬运，适应性极差。将机器视觉与码垛机器人结合起来，使之具有人眼识别功能，对于保证产品质量、降低劳动成本、优化作业布局、提高生产效率、增长经济效益、实现生产的自动化等方面具有十分重要的意义。

参考文献

[1] 杨露菁，吉文阳，郝卓楠. 智能图像处理及应用 [M]. 北京：中国铁道出版社，2019.

[2] 郑树泉，王倩，武智霞. 工业智能技术与应用 [M]. 上海：上海科学技术出版社，2019.

[3] 邓方，陈文颉. 智能计算与信息处理 [M]. 北京：北京理工大学出版社，2019.

[4] 焦李成. 人工智能、类脑计算与图像解译前沿 [M]. 西安：西安电子科技大学出版社，2019.

[5] 杨忠明. 人工智能应用导论 [M]. 西安：西安电子科技大学出版社，2019.

[6] 刘国成. 人群异常行为数字图像处理与分析 [M]. 成都：西南交通大学出版社，2019.

[7] 杨帆. 数字图像处理与分析第 4 版 [M]. 北京：北京航空航天大学出版社，2019.

[8] 徐洁磐，徐梦溪. 人工智能导论 [M]. 北京：中国铁道出版社，2019.

[9] 尚荣华，焦李成. 计算智能导论 [M]. 西安：西安电子科技大学出版社，2019.

[10] 武军超. 人工智能 [M]. 天津：天津科学技术出版社，2019.

[11] 刘经纬，朱敏玲，杨蕾. "互联网 +" 人工智能技术实现 [M]. 北京：首

都经济贸易大学出版社，2019.

[12] 杨贞.图像特征处理技术及应用 [M].北京：科学技术文献出版社，2020.

[13] 张克素，洪瑞阳，赵平喜.图形图像处理 [M].厦门：厦门大学出版社，2020.

[14] 张强，沈娟，孔鹏，等.基于深度神经网络技术的高分遥感图像处理及应用 [M].北京：中国宇航出版社，2020.

[15] 雷震.IETM 智能计算技术 [M].北京：北京邮电大学出版社，2020.

[16] 张全新.深度学习中的图像分类与对抗技术 [M].北京：北京理工大学出版社，2020.

[17] 李京蓓，刘煜，肖华欣，等.深度神经网络智能图像着色技术 [M].长沙：国防科学技术大学出版社，2020.

[18] 杨杰，黄晓霖，高岳，等.人工智能基础 [M].北京：机械工业出版社，2020.

[19] 余伶俐，周开军，陈白帆.智能驾驶技术路径规划与导航控制 [M].北京：机械工业出版社，2020.

[20] 钟跃崎.人工智能技术原理与应用 [M].上海：东华大学出版社，2020.

[21] 汪洋，丁丽琴，吴鹏，等.海洋智能无人系统技术 [M].上海：上海科学技术出版社，2020.

[22] 陈云霁，李玲，李威，等.智能计算系统 [M].北京：机械工业出版社，2020.

[23] 周浦城，王勇，吴令夏，等.光电图像处理技术及其应用 [M].北京：国防工业出版社，2021.

[24] 张云佐. 数字图像处理技术及应用 [M]. 北京：北京理工大学出版社，2021.

[25] 蓝贤桂，刘春，高健. 人工智能背景下图像处理技术的应用研究 [M]. 北京：北京工业大学出版社，2021.

[26] 王敏，周树道. 数字图像预处理技术及应用 [M]. 北京：科学出版社，2021.

[27] 姚俊萍，李晓军. 智能信息处理技术与应用研究 [M]. 北京：原子能出版社，2021.

[28] 程起敏. 遥感图像智能检索技术 [M]. 武汉：武汉大学出版社，2021.

[29] 石翠萍. 光学遥感图像压缩方法及应用 [M]. 哈尔滨：哈尔滨工业大学出版社，2021.